——互联网实验室文库——

"互联网口述系列丛书"战略合作单位

浙江传媒学院

互联网与社会研究院

博客中国

国际互联网研究院

光荣与梦想

互联网口述系列丛书

张树新 篇

方兴东 ◎ 主编
刘 伟 ◎ 执行主编

电子工业出版社
Publishing House of Electronics Industry
北京·BEIJING

出 版 说 明

"互联网口述历史"项目是由专业研究机构——互联网实验室,组织业界知名专家,对影响互联网发展的各个时期和各个关键节点的核心人物进行访谈,对这些人物的口述材料进行加工整理、研究提炼,以全方位展示互联网的发展历程和未来走向。人物涉及创业与商业,政府、安全与法律等相关领域,社会、思想与文化等层面。该项目把这些亲历者的口述内容作为我国互联网历史的原始素材,展示了互联网波澜壮阔的完整画卷。

今天奉献给各位读者的互联网口述系列丛书第一期的内容来源于"互联网口述历史"项目,主要挖掘了影响中国互联网发展的8位关键人物的口述历史资料和研究成果,包括《光荣与梦想:互联网口述系列丛书 钱华林篇》《光荣与梦想:互联网口述系列丛书 刘韵洁篇》《光荣与梦想:互联网口述系列丛书 许榕生篇》《光荣与梦想:互联网口述系列丛书 张朝阳篇》《光荣与梦想:互联网口述系列丛书 张树新篇》《光荣与梦想:互联网口述系列丛书 陆首群篇》《光荣与梦想:互联网口述系列丛书 胡启恒篇》《光荣与梦想:互联网口述系列丛书 田溯宁篇》。

"口述历史",简单地说,就是通过笔录、录音、录影等现代技术手段,记录历史事件当事人或者目击者的回忆而保存的口述凭证。"口述"作为一种全新的学术研究方法,尚处在"探索"阶段,目前尚未发现可供借鉴和参考的案例或样本。在本系列丛书的策划过程中,我们也曾与行业内的专家和学者们进行了多次的探讨和交流,尽量规避"口述"这种全新的研究方式存在的不足。与此同时,针对"口述"内容存在的口语化的特点,在本系列丛书的出版过程中,我们严格按照出版规范的要求最大限度地进行了调整和完善。但由于"口述体"这种特殊的表达方式,书中难免还存在诸多不当之处,恳请各位专家、学者多多指正,共同探讨"口述"这种全新的研究方法,通过总结和传承互联网文化,为中国互联网的发展贡献自己的力量。

"互联网口述系列丛书"编委会

学术委员会委员：

  何德全 黄澄清 刘九如 卢 卫 倪光南
  孙永革 田 涛 田溯宁 佟力强 王重鸣
  汪丁丁 熊澄宇 许剑秋 郑永年
  （按姓氏首字母排序）

主 编：方兴东
执行主编：刘 伟
编 委：范东升 王俊秀 徐玉蓉
     （按姓氏首字母排序）
策 划：高忆宁 李宇泽
指导单位：北京市互联网信息办公室
执行单位：互联网实验室

学术支持单位：浙江传媒学院互联网与社会研究院
      汕头大学国际互联网研究院
      《现代传播（中国传媒大学学报）》
      北京师范大学新闻传播学院

丛书出版合作单位：博客中国
       电子工业出版社

"互联网口述系列丛书"工程执行团队

牵头执行：互联网实验室
总负责人：方兴东
采访人员：方兴东、钟布、赵婕
访谈联络：范媛媛、孙雪、张爱芹
摄影摄像：李宁、杜康乐
文字编辑：李宇泽、骆春燕、袁欢、索新怡
视频剪辑：杜运洪、李可
战略合作：高忆宁、马杰
出版联络：任喜霞、吴雪琴
研究支持：徐玉蓉、陈帅、宋谨谨
媒体宣传：于金琳、朱晓旋、张雅琪
技术支持：高宇峰、胡炳妍、唐启胤、魏海

总 序

为什么做"互联网口述历史"(OHI)*

方兴东

2019年是互联网诞生50周年,也是中国互联网全功能接入25年。如何全景式总结这波澜壮阔的50年,如何更好地面向下一个50年,这是"互联网口述历史"的初衷。

通过打造记录全球互联网全程的口述历史项目,为历史立言,为当代立志,为未来立心,一直是我个人的理

---

* 编者注:"互联网口述系列丛书"内容来源于"互联网口述历史"(OHI)项目。

想。而今，这一计划逐渐从梦想变成现实，初具轮廓。作为有幸全程见证、参与和研究中国互联网浪潮的一个充满书生意气的弄潮儿，我不知不觉把整个青春都献给了互联网。于是，我开始琢磨，如何做点更有价值的工作，不辜负这个时代。于是，2005年，"互联网口述历史"（OHI）开始萦绕在我心头。

我自己与互联网还是挺有缘分的。互联网诞生于1969年，那一年我也一同来到这个世界。1987年，我开始上大学，那一年，互联网以电子邮件的方式进入中国。1994年，我来到北京，那一年互联网正式进入中国，我有幸第一时间与它亲密接触。随后，自己从一位高校诗社社长转型为互联网人，全身心投入到为中国互联网发展摇旗呐喊的事业中。20多年的精彩纷呈尽收眼底。从20世纪90年代开始，到今天以及下一个10年，是所谓的互联网浪潮或者互联网革命的风暴中心，是最剧烈、最关键和最精彩的阶段。

但是，由于部分媒体的肤浅和浮躁，商业的功利与喧嚣，迄今，我们对改变中国及整个人类的互联网革命并没有恰如其分地呈现和认识。因为这场革命还在进程当中，我们现在需要做的并不是仓促地盖棺论定，也不是简单地总结或预测。对于这段刚刚发生的历史中的人与事、真实与细节，进行勤勤恳恳、扎扎实实的记录和挖掘，以及收集和积累更加丰富、全面的第一手史料，可能是更具历史价值和更富有意义的工作。

"互联网口述历史"仅仅局限在中国是不够的。不超越国界，没有全球视野，就无法理解互联网革命的真实面貌，就不符合人类共有的互联网精神。迄今整个人类互联网革命主要是由美国和中国联袂引领和推动完成的。到2017年底，全球网民达到40亿，互联网普及率达到50%。我们认为，互联网革命开始进入历史性的拐点：从以美国为中心的上半场（互联网全球化1.0），开始进入以中国为中心的下半场（互联网全球化2.0）。中美两国承前启后、前赴后继、各有所长、优势互补，将人类互联网新文明不断推向深入，惠及整个人类。无论存在何种摩擦和争端，在人类互联网革命的道路上，中美两国将别无选择地构建成为不可分割的利益共同体和命运共同体。所以，"互联网口述历史"将以中美两国为核心，先后推进、分步实施、相互促进、互为参照，绘就波澜壮阔的互联网浪潮的完整画卷。

在历史进程的重要关头，有一部分脱颖而出的人，他们没有错过时代赋予的关键时刻，依靠个人的特质和不懈的努力，做出了独特的贡献，创造了伟大的奇迹。他们是推动历史进程的代表人物，是凝聚时代变革的典范。聚焦和深入透视他们，可以更好地还原历史的精彩，展现人类独特的创造力。可以毫不夸张地说，这些人，就是推动中国从半农业半工业社会进入到信息社会的策动者和引领者，是推动整个人类从工业文明走向更高级的信息文明的功臣和英雄。他们的个人成就与时代所赋予的意义，将随着时间的推移，不断得以彰显和认可。他们身上体现的价值观和独特的精神气质，正是引领人类走向未来的最宝贵财富！

"互联网口述历史"自 2007 年开始尝试，经过十多年断断续续的摸索，总算雏形初现。整个计划的第一阶段成果分为两部分。一部分记录中国互联网发展全过程，参与口述总人数达到 200 人左右的规模。其中大致是：创业与商业层面约 100 人，他们是技术创新和商业创新的主力军，是绝对的主体，是互联网浪潮真正的缔造者；政府、安全与法律等相关层面约 50 人，他们是推动制度创新的主力军，是互联网浪潮最重要的支撑和基础；学术、社会、思想与文化等层面约50人,他们是推动社会各层面变革的出类拔萃者。另一部分是以美国为中心的全球互联网全记录,计划安排300人左右的规模。大致包括美国150人、欧洲50人、印度等其他国家100人。三类群体的分布也基本同上部分。第一阶段的目标是完成具有代表性的500人左右的口述历史。正是这个独特的群体,将人类从工业文明带入到了信息文明。可以说,他们是人类新文明的缔造者和引领者。

自2014年开始,我们开始频繁地去美国,在那里,得到了美国互联网企业家、院校和智库诸多专家学者的大力支持和广泛认可,全面启动全球"互联网口述历史"的访谈工作。目前,我们以每一个人4小时左右的口述为基础内容,未来我们希望能够不断更新和多次补充,使这项工程能够日积月累,描绘出整个人类向信息文明大迁移的全景图。

到2018年年中,我们初步完成国内170多人、国际150多人的口述,累计形成1000多万字的文字内容和超过1000小时的视频。这个规模大致超过了我们计划的一半。所谓万事开头难,有了这一半,我的心里开始有了底气。2018年开始,将以专题研究、图书出版以及多媒体视频等形式，陆续推向社会。希望在2019年互联网诞生50年之际，能够让整个计划完成第一阶段性目标。而第二阶段，我们将通过搭建的网络平台，面向全球动员和参与，并将该网络平台扩展成一个可持续发展的全球性平台。

通过各层面核心亲历者第一人称的口述，我们希望"互联网口述历史"工程能够成为全球互联网浪潮最全面、最丰富、最鲜活的第一手材料。为更好地记录互联网历史的全程提供多层次的素材，为后人更全面地研究互联网提供不可替代的参考。

启动口述历史项目，才明白这个工程的艰辛和浩大，需要无数人的支持和帮助，根本不是一个人所能够完成的。好在在此过程中，我们得到了各界一致的认可和支持，他们的肯定和赞赏是对我们最佳的激励。这是一项群体协作的集体工程，更是一项开放性的社会化工程。希望我们启动的这个项目，能汇聚更多的社会力量，最终能够越来越凸显价值与意义，能够成为中国对全球互联网所做的一点独特的贡献。

目录

CONTENTS

访谈者评述 /001
业界评述 /003
口述者肖像 /005
口述者简介 /006

壹　狂乱时代的自然生长 /010
　　贰　20世纪80年代，我们都是诗人 /020
叁　我是一个靠兴趣驱动的人 /026
　　肆　一起下海的人生伴侣 /035
伍　做互联网是个偶然 /042
　　陆　中国人离信息高速公路还有多远 /051

- **柒** 领先三步成先烈 /066
- **捌** 互联网的社会革命 /077
- **玖** 强大而又脆弱的未来 /085

― 语录 /093
― 链接 /097
― 相关人物 /101
― 访谈手记 /102
― 人名索引 /108
― 参考资料（部分） /114
― 编后记1 /119
― 编后记2 /136
― 致谢 /165
― 互联网口述历史：人类新文明缔造者群像 /173
― 互联网实验室文库：21世纪的走向未来丛书 /191
― 注释 /196
― 项目资助名单 /205

访谈者评述

方兴东

张树新是中国互联网发展历程中一位非常重要的启蒙者和开拓者。她浑身充满能量、充满智慧,也充满激情,很有个人魅力和号召力。在一场新革命里,像她这样的人很容易脱颖而出。而且她非常适合在这种大变革中做旗手,可以带领大家冲锋陷阵。张树新在决断力、号召力和运作能力方面有着超乎寻常的表现。虽然她在中国互联网领域活跃的时间很短,但是她是人们在阐述互联网早期历史时无论如何都绕不开的一个人物。然而,在历史进程里,一个人的功劳、声誉,还是跟他活跃的时间成正比的,也就是说,伟大是熬出来的，胜者为王。所以，我觉得最可惜的是，张树新又似白驹过隙，跑得很快，跃得很高，当时的高度和速度几乎无人可比、无人可敌，但又很快就消逝了。其实，张树新内心清楚互联网是具有革命性的，但是由于种种主观或客观原因，她早早地远离了互联网领域的主战场，这令许多人扼腕长叹。

从张树新身上也可以看出，中国优秀的人很多，有能力、有资源的人也很多，但是为什么他们没能在互联网领域持续发光发热呢？我觉得问题在于，他们的价值观或行为方式上有意无意间偏离了互联网的开放、共享、自由、平等、自底而发的精神特质，他们把自己搁在一个比较高的位置，实际上最终脱离了地气。所以，最终他们被互联网大潮吞没了，没能引领潮头，这种遗憾常萦心头。

业界评述

我想，张树新和她的瀛海威是不该被忘记的。当年中关村路口有一幅巨大的广告牌——"中国人离信息高速公路还有多远？向北 1500 米"，直到今天还有不少人记得这句广告语。互联网由科技领域延伸到商业领域，在这个过程中，张树新是一位开创者。她让人看到了互联网不只是科技人员的专利，普通人也能享受互联网带来的便利。当时很多人买了瀛海威的上网卡，这就为互联网大众化开创了先河。

胡启恒

（中国工程院院士）

魏武挥

(天奇阿米巴创投基金投资合伙人)

我对张树新有一种说不出的崇敬之情。记得在2008年,我在博客大巴(BlogBus)给员工做内部培训,其中有一块就是"中国互联网史"。不知道为什么,当我提及"中国人离信息高速公路还有多远?向北1500米"的广告牌时,就有想哭的感动。这是当年瀛海威竖立的广告牌。谢文曾经说,他从归国的丁磊、张朝阳等人眼里看到了理想,但我却以为,真正的中国第一代互联网理想主义者,张树新是其中一个。

瀛海威悲壮地失败了,这份悲壮,就是中国互联网人筚路蓝缕的见证。张树新离开瀛海威之后,在另外一条道路上又开始了她新的探索:思想传承。然而这个事业比起瀛海威来说,明显地缺少鲜花和掌声。

向张树新致敬,不仅因为她的瀛海威,更重要的是她这份寂寞的努力。

口述者肖像

口述者简介

张树新，女，曾创办瀛海威信息通信有限责任公司并担任总裁。瀛海威是国内最早提出应在国际互联网络上提供中文信息服务的网络服务公司，也是最先提供 ISP 业务的网络商之一。瀛海威建立了中国第一个公司网和电子商务平台，启发了国人对"因特网"的基本认知。张树新当初率领并亲手培养的中国第一代互联网络从业团队现已成为中国各个互联网商业公司的骨干力量，瀛海威亦被称为中国互联网的"黄埔军校"。张树新因此也被誉为中国"第一代织网人""中国互联网的教母"，但她也因瀛海威烟火般灿然后的消逝而被视为"中国互联网的先烈"。张树新后曾任联合运通投资（控股）有限公司董事长、新创基金会主席，参与一些重要的中国互联网项目投资和管理，并卓有成效。

1963 年 7 月
  辽宁省抚顺市人。
1986 年，23 岁
  毕业于中国科学技术大学应用化学系。
1986—1989 年，23～26 岁
  担任《中国科学报》记者。
1989—1992 年，26～29 岁
  在中国科学院高技术企业局战略项目处从事企业战略研究工作。
1992—1996 年，29～33 岁
  创办北京天树策划公司。
1995 年，32 岁
  创办瀛海威信息通信有限责任公司。

1998年，35岁
创办盛华元通国际投资管理公司。因成功运营连接国内业务资源和国际资本资源的互联网项目，美国《财富》杂志于1999年5月对她进行了独家专访。

1999年年底，36岁
创办联和运通投资（控股）有限公司，任董事长。

2007年，44岁
任新创基金会主席。

张树新 篇

我本能地对与未来有关的新东西感兴趣

访谈： 方兴东　薛　芳
口述： 张树新
整理： 何远琼
时间： 2014年2月7日（14:00—18:30）
地点： 东方广场 E1-1907 联合运通投资（控股）有限公司
文本修订： 6次

光荣与梦想
互联网口述系列丛书

张树新篇

狂乱时代的自然生长

你在瀛海威创办初期非常善于借助媒体资源宣传互联网概念，为什么现在却不太愿意接受采访，很少公开谈及互联网？

* * *

这可能和我的性情有关。我不是一个高飞远遁的人，也不是一个为曾经有过轰轰烈烈的事迹就大肆宣扬的人，更不是一个因为一度"败走麦城"就闭口不言的人。我是一个随性洒脱、说走就走的人。我大学毕业后没有念研究生、一毕业就结婚生孩子，这些在当时都算是很叛逆的。后来我下海经商,也是很多人没有想到的。而我五年前突然决定退休,身边的朋友也都觉得意外。田溯宁[1]现在重回亚信[2]当董事长了,他很有干劲,像劳模一样在那里工作。而我是比较不喜欢干活的,所以说退就退了。

我现在基本上是一个半隐居的人,几乎与信息时代隔绝。很多朋友三年前劝我发微博写东西,但我没有开微博。我有微信,但朋友很少,因为我希望我可以做自己,不希望自己变成碎片化信息的终端,不断地接收和被迫反馈。前两天我看了一本台湾地区大作家唐诺的书,书名是《尽头》,书中讲,人一定要能够不断地去想尽头是什么东西。其实我可能正是这么一个不断去想尽头是什么东西的人,我想要看清楚整个时代的尽头是什么。这是一个快节奏的时代,太多的信息,太多人在讲话。当一个人有足够的定力的时候,他也许可以把很多事看明白。我们的生命非常有限,不应该浪费一分一秒。所以,我有很多事从来不去做,我觉得那些事与我无关，我其实会特别有选择地参加一些事情。我不想去的，绝对不去；所有人都去的，我也不一定要去，我很少跟风。

你能先回忆一下你小时候的事吗？一些你印象比较深刻、能够反映你个性的事。

* * *

要从小讲，那话就长了。我是辽宁抚顺人，1963年出生。我父亲是辽宁省抚顺钢厂研究所的总工程师，我母亲是老师，我们家只有姊妹两个，我跟我妹妹，我算是出生于知识分子家庭。我父亲命运多舛、英年早逝。我母亲写了一本书叫《沉重人生》，讲述了我们家的历史。书是我母亲自己写的，没有公开出版，我也恭默守静。

我小学一年级到三年级是在乡下念的。**我父亲是**

个博览群书的人，我有点儿像我父亲，对生命的好奇程度非常高。我认为，一个人如果没有兴趣追问真理，那就不该从事科学研究。2013年在合肥举行的亚布力论坛上，我提到过，学科学的人，应求真和务实，"真"是两个真，远端的真是真理，近处的真是真相。求真是从事科学研究的人的一个基本素质，一个很重要的品质。

1972年，我们回到城里。回城后，我父母觉得只有我和我妹妹两个女儿，对我们持放养的态度，不希望我们读太多书。我记得特别清楚的是，刚回到城里的时候我母亲希望我降一级，因为降一级就可以晚一点儿"下乡"。当时"下乡知青"的艰苦生活让我们有点惧怕。但我当时坚决不同意，觉得留级太丢脸了。

我父母对我的影响很大。我喜欢读书就是小时候养成的一种习惯。当时我们家有各种各样的书，我从小就读过很多有趣的、精彩的书，例如，《聊斋志异》

《西游记》《海岛女民兵》《闪闪的红星》等。我父母对我们姐妹也没有特别高的期望，他们只是希望自己的孩子能过平静的生活，所以没有逼我去干什么。我的性格是自然养成的，我觉得这和父母的教育方式有很大的关系。

小时父亲受迫害的场景我有所记忆，为帮父亲争辩我和小朋友打过架，像个男孩子似的。我也记得父亲带我和妹妹去看小蝌蚪的美好时光。

听我父母讲，我从小就是记忆力奇好的孩子，我看一遍书就可以跟人家讲书中讲了什么，所以，我从小就有很多朋友。可以说，我不是后来才会讲故事，而是从小就会讲故事。

我觉得对我真正有影响的事，是我们刚回城的时候家里就买了台电视机。1972年回城时落实政策，政府补发了我父亲三年的工资，这在当时已经是很大一笔钱了。我父亲就用其中一部分钱买了一台14英寸的黑白电视机。1972年，整个抚顺市估计也就三四台电视机，我们家那台大概是整个望花区的第一台。那个时候电视没有什么特别的节目，信号也很差，每次都要调半天，天线一会儿摆这儿，一会儿摆那儿，才能搜到节目。家有电视，邻居们理所当然地每晚来看，又和我家计较电费什么的，挺烦人的。我妹妹后来读电影学院的文学史研究生时，还在当年《上海电视》杂志上发表过一篇《电视的故事》，写的就是这个事儿。这算是一件我觉得印象深刻的事儿吧。1972年的500块钱，我估计可以买一套房子了，很少人能那么"烧包"，刚从乡下回来就花这么一笔钱买一台电视机。我父亲对电视非常好奇，还想要把它拆了看看是怎么回事。可以看出，也许我们家的人对创新型产品天生感兴趣，我可能遗传了我父亲的性格吧。

我父亲喜欢玩，好奇心重，所以，他经常去看一些新东西。1983年，我们到北京玩，父亲带着我去逛故宫，我感觉如果条件允许的话，他可以带着我在故宫里走三天，他知道每个房子里面有什么东西，这些东西又有怎样的故事。我后来想，**我父亲那一代人，他们那种博览群书的精神、对世事的兴趣、对与生存无关的东西的好奇，是这个时代极其缺乏的**，现代的很多人已没这个兴致了，可能是能吸引他们的事情太多了，能比较或诱发兴趣的元素也太多了。

从小到大，我没有听说我父母给别人送过东西，也没有别人给我们家送过东西。后来想想我其实是在一个独身自好的家庭中成长的。我们家好像也没有家庭琐事可谈。**我觉得我 1981 年高考时考了很高的分数，必须承认是受到家庭环境的影响的。**

我母亲一直是一个要求进步的人。她最早在中专学校里教中文，因父亲之故，她被迫下乡，回城后没有工作，她就自己发愤自学制图。后来她又重新回中专教书了。我们家是典型的知识分子家庭。记得我小的时候，我父母都学英语，学了忘，忘了学。但我母亲像父亲一样时运不济,自从嫁给我父亲后,因为我父亲的缘故,一直没进步成。他们这一代人被耽误了很长时间,所以特别希望证明一下自己。

后来,我父亲病了,我母亲要照顾他,就不得不退休了。所以她有一段时间急躁、抱怨,身体不好,甚至有些精神抑郁。后来她自己在家里写我之前提到过的那本书,一写就是十年。其实写东西的过程是一个自我救赎的过程,我们没有精神的寄所缺少心理医生,一生所经历的那些苦难,难于排解,而写作可以成为情感宣泄的出口。我觉得我父母那代人好像永远地被留在了20世纪的站台上,所以他们必须学会通过自己的方式告解,慢慢走出来。我母亲自从写完那本书后就变得开朗多了,她现在80多岁了,精神还不错。后来我跟很多同龄人说:"如果你的父母也经历了很多苦难,就鼓励他们写点东西,也许能排解开来。"

其实,现在想来,我自己更像是被"放养"大的。

因为父母对我没有当官的要求,也没有赚钱的要求,他们对我并不会像今天的父母对子女这样有各种期望,父母甚至也没有鼓励我看书、读书。只是家里有很多书,他们自己看书,我没有别的事就跟着看书。所以,从这个角度来讲,我从小对新的东西感兴趣、有创新思维,一定和从小的家庭氛围有关系。

光荣与梦想
互联网口述系列丛书
张树新篇

20世纪80年代，我们都是诗人

贰 20世纪80年代，我们都是诗人

你后来大学是上的中国科学技术大学吧？学的理科？

* * *

对，我考上中科大了，应用化学系，理科。当时我高中学校（抚顺一种）的校长对好学生简单地不允许学文科。因为那时流行的说法是"考不上理科学文科，考不上文科学外语"。上次我回科大讲过一个故事，我说当时都是国内最优秀的人才能读中国科学技术大学这所学校，结果他们到了美国后发现找不到工作，需再重新开始去念金融等专业，然后跑到华尔街去做

后台的分析师。后来回国后他们又发现自己的领导，正是当年那些考不上好大学只好学外语的人，这是好心做好事，还是好心做了坏事？抑或就叫轮回吧。20世纪80年代的故事就是这样。我们当时中学考得好的几个人都是在清华、北大、科大几个学校里选择，考得最好的才能去科大，因为当年科大比其他几个学校的招生分数都高。我念科大是我爸逼我去的，这个是他替我选择的。其实我当时是想去北大或清华的。但我父亲坚决不让我来北京。我父亲当时说过一句话让我印象深刻，他说我是个"有反骨的人"，所以最好踏踏实实去学科学。他很怕我到了北大以后，转系去学国际政治什么的。他认为我最好到一个偏僻的城市成为科学家。但上大学以后，一切就是我自己说了算了。其实上大学时我正事没干很多，之前我见科大校长时也讲了，仔细想我在大学里没有好好上过几天课，很多时间都用来参加各种各样的社会活动了。

我参加过科大诗社，自己也写过诗。那时的年轻

贰 20世纪80年代,我们都是诗人

人喜欢诗,我们都是诗人,不写诗怎么能建诗社。现在有一个著名诗人简宁[3]就是我们诗社的,他和我非常熟。张亚勤[4]也写过诗。20世纪80年代,是中国的启蒙时代和文艺复兴时代,那时的年轻人、大学生很多是"文艺青年"。但到1987年、1988年以后,文学就开始没落了,大家都开始有生存压力了,浪漫的黄金时代就结束了。我觉得我们这些人的思维方式和性格,很大程度上是那个时代铸就的。念大学的时候,我做主请过很多朦胧诗诗派的诗人到我们学校。那时候学校能请到各种各样的人来做讲座,我记得当时李政道[5]、吴健雄[6]都来过科大。我们当时的副校长家永远是开着门的,学生们随时可以到他家讨论问题。

我在中学的时候成绩就比较拔尖了。1977年恢复高考后,我母亲做的第一件事就是托人把我转到我们抚顺最好的中学,抚顺一中。我们必须承认,恢复高考是我们这代人的命运的一个转折点。我记得我刚去抚顺一中的时候,发现别人学得都比我好,因为我在

原来的学校主要就是玩。但我可能是一个学习能力比较强的人,在中考的时候我就开始考第一,后来一直是第一。好像从小到大,我父亲觉得我考第二就是"过错"了。我是从中学开始就喜欢文学了,后来上科大的时候曾经把胳膊摔伤了,休息了半年,看了很多文学书。自己学化学学腻了,就更偏爱文学了。科大的功课其实很重,我们化学系学数学系的数学、物理系的物理,把自己学透支以后,会突然反省:自己是做科研的料吗?做科研的人其实除了兴趣之外,我觉得至少要心无旁骛,而我自己是一个兴趣爱好太多的人,根本坐不住。所以,**我当初离开科大时,觉得自己"恨那个学校了"**,觉得它耽误我时间了。但后来仔细想想,**严谨的逻辑思维能力,求真务实的行事方式,实际上都得益于这种科学的思维训练。**

我觉得大量的中国人,包括很多精英人士,都缺乏基本的科学常识和科学逻辑,包括辨识能力、思辨能力,这就是与缺乏科学的思维训练有关。方舟子[7]是我的师弟,即使大家再不喜欢他,也必须承认,他也有一部分观点是正确的,而且他正确的那一部分在中国是非常缺乏的。方舟子文科其实很好,他当年的高考作文是满分,很多人都不知道这一点。他从20世纪90年代开始做网站,后来他有些失意,朋友很少。我曾跟方舟子很认真地聊过,问他能不能真的做一点更加有建设性的事,比如说专业科普。我说我们从小读《十万个为什么》,把书都翻烂了,但现在的孩子们有这些好读物吗?其实这些东西如果写得好的话,很受欢迎。方舟子的科普文章其实写得很好,但是"打假、攻击与反击"占用了他大量的时间和精力。我觉得他没有办法调整和改变,因为他是一个特别较劲的人。我算是我们科大毕业的相对来说比较温和的了,不是那么较劲。当然,我在功课上也不"较劲"大概也缘于此吧。不过,当时在学校我就不想做科研,而是梦想当记者。

光荣与梦想
互联网口述系列丛书

张树新篇

我是一个靠兴趣驱动的人

那你毕业后在工作上如愿了吗？你的选择是不是和你在科大一直是学生干部有关系？

* * *

是呀，反正我当时就是不想搞科研了。我本来想去念科学史，我记得我还认真地看了李约瑟[8]的一些作品，还给科学史领域的几位大家写过信。后来我发现科学史考的那些东西太老、太学究了，就作罢了。我觉得自己对综合性的东西更感兴趣，就觉得去出版社、报社也很有趣，正好报社也要人，我一毕业就到中国科学院的《中国科学报》[9]报社当记者了。

这个选择的确跟我是学生干部有关系。我从小学到大学一直是班长。在科大从二年级开始，我就是学生会主席，我还是我们学校我们年级第一个党总支书记，还做过学校团委副书记（团委书记是老师），还当过科大诗社社长，现在我是我们科大校友基金会的主席。我们这个基金会还是挺活跃的，是全国大学校友基金会里唯一一个跟学校官方合作但却完全独立的基金会，完全是大家捐钱建的。总之，当时因为一直当学生干部，档案史记载的我好得不得了，就被报社选中了。我们当时几乎所有人都被保送研究生，四个专业加一起共87个人，只有十几个人毕业后直接工作，可以说单位随便挑，想去哪儿就去哪儿。《中国科学报》当年一共要了三个人，我是被《中国科学报》主编挑中的，可我到《中国科学报》后不到半年，就快把招我的主编气死了，他发誓再也不要科大的学生了。

主要是我毕业刚工作不久就结婚生孩子了，让主编觉得这小姑娘工作"不上路"啊。我去报社大概一两个月之后,发现报社一点意思都没有。那时候80个人办一份周报,几乎所有的人每天都在煲电话粥、打毛衣,中年女士们每天都只说些家长里短的事儿。那时候我还是刚毕业的小姑娘,干劲儿十足,但其实也做不了什么,就采访几个人,写几篇稿子,然后就和大学一同消磨日子,觉得无聊透顶。我1986年刚工作的时候,第一次采访的就是丁肇中[10]。但我发现,领导需要的那些稿子跟我想采的东西完全不一样。那我能干什么呢?没有继续念研究生,报社又是这样的,那我就用排除法,干脆就先结婚、生孩子吧。我是我们大学同班同学里第一个结婚、第一个生孩子的。

但是,我还是在《中国科学报》干了三年。最初,我在记者部被重用,后来因结婚生孩子被放到编辑部,因为编辑部不用坐班,算是照顾孕妇。编辑部有国内版和国外版,我都干过。干国内版时,我采访过很多院士。我见过的中国科学院的那些院士很可爱,特别有趣。后来我又在国外版主要负责采编一些国外新闻。

等我生完孩子、休完产假回来，主编突然想到我这个女孩子很有趣，那么年轻就把女性结婚、生子这样的人生大事完成了，现在开始没麻烦事了，反而可以重用了，就开始培养我。培养我干什么呢？去做广告发行吧！后来我又到总编室工作过。可以说，我做过我们报社里所有的行当。在**1989年我离开《中国科学报》的时候，我还跟主编开过一个玩笑，说我一个人可以办一份报纸，你把经费都给我，我只要四个人，就可以办一份报纸。**

之后，我就从《中国科学报》调到中科院企业局工作了。当时是借调，因为企业局急缺写东西的人。那个时候企业局想写一份中关村电子一条街发展状况的报告给中央，以争取中央更多的政策支持。后来他们找到我，就先把我借调过去了。我是当时调研写作班子中最年轻的一个，自然地打字的事也是我的。我对中关村的历史非常熟悉就是得益于此。

叁 我是一个靠兴趣驱动的人

1988年年底正是国务院价格闯关[11]的时候，国务院希望把所有与经济和市场离得很远的部门拆解，当时的思路是"科学研究要上国民经济总战场"，所以，中科院面临"生存危机"。那时周光召[12]刚刚当院长，胡启恒[13]是副院长。我跟启恒的私交也是从那时候开始的。那时候，她见我觉得我是小姑娘，现在我都五十岁了，在她眼里我还是小姑娘。中科院当时要写中关村电子一条街的报告，就是为了向中央证明中科院是有存在价值的。中科院一定程度上沿袭了苏联科学院的模式，我们当时既要了解中科院的发展历史，又要厘清科学、技术、成果到产品、到工业之间的关系。周光召当时给我们的命题是，中国会不会有贝尔和贝尔实验室[14]？中科院跟中国市场，跟中国未来的工业成长有什么关系？为什么除了工业部门自己有研究所之外，还需要有一个国家科学院？

我当时到中关村电子一条街的几乎所有有点名头的公司做过调研。那时候我特别牛，打电话给曾茂朝[15]说

"我要跟你谈六个小时";跟柳传志[16]说"我要跟你谈五个小时"。包括那会儿著名的"两通两海"[17]——四通、信通、科海、京海,我跟他们的老总特别熟。因为调研组里我最年轻,所以出门跑、写文章之类的事情,大部分是我干的。我那时候跟那些企业老总还有当时很多研究所的所长们去讨论,这个研究所有多少科学研究成果、多少科学跟技术有关、多少技术转化为产品成果、多少产品成果影响中国未来产业。这是我当时那个小组干的事情,大概花了两年时间。

我后来回想,在中科院企业局的三年,对我宏观思维能力的形成和对整个中国高科技产业的宏观认识非常关键,因为我过去只是学理科的,后来当记者也只是很浮光掠影地见了很多很广的东西,但是对很多技术和工业之间关系的了解,就是这三年打下的基础。

我觉得每个人的经历会决定他未来很多东西,过去是未来的缘起。这三年的经验,让我学会不自觉地站到国家的角度想问题,不自觉地会站在整个产业角度想问题。我现在想我有一点做得不好,我应该多去看看我们的老处长。他先是在总参战略部做战略研究的,后来到中办写一条街报告,再后来又写中科院的战略报告。他对我很好,一直在教我怎么想问题、怎么写东西。后来中科院的"一院两制"的思路就是那时候提出来的。所谓一院两制就是科学研究一制、公司市场一制。那会儿其实有很多这样的策略,这些策略也确实促使一些中科院的人出来做公司,包括现在还很有名的成都生物所[18]。中科院后来保留并发展起来,这些策略也许是关键因素之一。这些策略也确实促使中科院更加重视应用,因为过去中科院里的人总是瞧不起去做公司的人,一院两制后就理顺他们与中科院的关系了。思想认识上理顺了,很多事情也就一通百通了。

那三年我除了做调研报告外,还负责跑计划配额等工作。

我想说，我跟其他的互联网创业者特别不一样的地方，就是我曾经有这个经历，这个经历会让我经常想一点跟自己创业没有关系的事。但是现在很多创业的人对赚钱以外的事儿考虑得有点儿少。我在企业局待了三年，后来又觉得没劲了，因为突然发现我似乎把中科院整个事情都搞明白了，就觉得没意思了，所以后来就下海了。**我是一个靠兴趣驱动的人。到现在为止我从没有做过重复的事情。**他们经常问我，会不会接着做互联网，我说怎么可能呢？因为那都是年轻人做的，不该是我再去做的事了。

光荣与梦想
互联网口述系列丛书

张树新篇

一起下海的人生伴侣

我是 1992 年下海经商的。当时我们局长张宏[19]找我谈,他说:"小张你在这里很有发展前途,干嘛要'下海'?"我跟他讲,我想让自己自由,想改变自己的命运。想要实现财务自由是我下海经商的直接原因。讲真话,我们当时太穷了,我走在大街上看到一条漂亮裙子都买不起,我就觉得我得先赚钱,改变自己的命运。还有就是我这个人天性不喜欢拘束,我敏锐地察觉到商界可能是片自由的蓝海,可以让我大展身手。而且我在下海经商之前见了许多开公司的人,还替他们谈项目,基于对他们和对我自己的了解,我认为我自己能在商业上成功。所以,下海经商的事,我还真没怎么纠结。

肆 一起下海的人生伴侣

要说家里人，我母亲当然是反对了。不过，她也习惯我的叛逆了。我一直比较有个性，在 1986 年不去念研究生是叛逆，刚工作就结婚、生孩子也是叛逆，辞去好好的工作要下海更是一个大叛逆。至于我先生，倒是挺支持的，他比我更早下海经商。

我和我先生中学时在相邻的班级，我们俩都是班长，算是认识，但不熟，真正谈恋爱是在上大学以后。其实挺简单的，他在济南的山东大学，我在合肥的科大，两所学校的位置正好都在京九线上，我们就经常相约开学、放假一起走。他是典型的东北男人，比较忠诚、厚道，虽然没有我聪明，但是比我有毅力。我觉得我身上缺少的品质他都有，能够让我安心。但这是后来总结的，我觉得十八九岁的时候，很难能分清楚两个人相爱究竟是为什么会走到一起，一开始大家相互的吸引和这个没有关系。其实我俩特别不一样，我经常开玩笑说，我从年轻的时候就喜欢才子，到最后找的另一半，却不是个才子。当时其实很多人都反对我俩在一起，我母亲还问我："你们俩有什么共同基础？你们的共同基础不就是一起玩吗，今天去这儿玩，明天去那儿玩。"大学时我俩每个暑假都一起到全国各地玩。为了省钱，我们还逃过票。我经常开玩笑讲，我们不念一个大学可能是我俩维系下来的一个原因，如果我俩念一个大学，也许早就分手了。

我先生是研究生，当时学的是计算机专业。研究生毕业之后，他就在中关村电子一条街工作。我经常开玩笑说，一般计算机研究生从卖计算机开始"下海"，后来发现中学生都比他们卖得好，当计算机变得复杂以后，本科生就卖得比中学生好了，当计算机变得更复杂时，研究生才起作用。人们老争论"技工贸"还是"贸工技"？一定是"贸工技"，先从市场开始。我先生曾做过华强公司的销售经理，华强是中关村开发区的一家私企，当时是街上做兼容机很火的一家公司。我记得我先生刚去华强时，第一个月拿回来的工资就上千元，在1991年前后那算很多的了。后来在卖计算机的时候，我先生发现很多人买计算机是为了建寻呼台，他就帮他们找寻呼软件。后来他发现这个软件的程序很简单，买一个版权就可以自己接着编。而且别人从香港进的机器都没有中文，买回来也不知道怎么装软件，他就顺便接了汉化和安装工程。之后，我先生想自己干，成立了一个公司叫作卧云电子[20]，专门做寻呼台。到1992年的时候，就建了七家寻呼台。我们的第一桶金就是那会儿挣的，挣了近一千万元。

我下海时又单独开了一家公司，当时公司的业务模式比较简单。我曾为中科院的项目跑电子部、跑国家计委，人熟、手续过程熟。有一些中科院下属的公司和中科院合作的公司，他们希望有项目列入国家计划，但他们不知怎样办手续，也不知应找哪些人。我其实很像一个顾问公司。你如果用30万元经费才能跑下来，你给我20万元，我花10万元成本就够了，剩下的就是利润，业务模式就这么简单。我们还捎带做一些产品的策划推广。

那个时候,我先生的公司跟我的公司没有直接关系。他独立的公司叫卧云电子,天树策划[21]是我的公司。后来的瀛海威[22]才是我们两家公司合资成立的。实际上这个时候,卧云电子从法律层面看是我先生的,但我也会跟他一起做很多事情。卧云电子当时很挣钱。其实做策划挣不到太多钱,但能养活人,训练了很多人,当时就有二三十人吧。后来我们做瀛海威的时候,资产合并到一起了,之后也一直在一起。

当时做策划的公司特别少,后来才逐渐增多了。我策划能力很强,知道怎么能够借助媒体,形成媒体效应。所以,这些事其实是一种很好玩又能赚钱的事。老实说,那会儿赚钱我觉得特别容易,好多钱我也不知道怎么就赚了。其他互联网创业者大都是一分钱没有就开始干,他们小心翼翼,精打细算,但是我账上经常几十万元来回走。而且我下海第一天,我交的朋友就说,20万元给你,你先去干吧,不行就算了。结果大概不出一个月,我30万元就还给人家了。后来有

肆 一起下海的人生伴侣

人说我在瀛海威花钱大手大脚,可能与这件事情有关。我感觉自己大概经历了20世纪90年代初的民营企业成长的过程,所谓"野蛮生长"的过程。后来有朋友开玩笑,说如果我当初买了一块地早就发了。但是我并不觉得后悔。**有人跟我说,你看像马云[23]当初怎么着……现在怎么着……我思考之后,还是觉得我现在挺好。我现在这样的人生经历,也是很特别的,今天的我,跟谁也不换。**我后来曾想过,如果真正把公司做到很大,做到上市,做成世界知名企业,那条路是我自己喜欢的吗?我不知道那又是一个什么情境,其实所有的真实情境都是不可逆的,所以,没有必要假设这样、假设那样。不过,如果现在总结瀛海威失败的原因,1992年到1995年我们赚钱太容易,导致花钱有点随心所欲是一个原因,更重要的是,对于市场时机的判断错位——自己的紧迫感导致了对市场时机的误判,这是我必须承认的。

光荣与梦想

互联网口述系列丛书

张树新篇

做互联网是个偶然

伍 做互联网是个偶然

瀛海威的确是你人生最浓墨重彩的一笔,也是中国互联网发展早期的标志性事件。今天就是想请你以亲历者的身份好好聊聊这件事。你能先讲讲你下海做天树策划后,怎么又转到互联网领域创办瀛海威了呢?

* * *

我做策划的时候偶然认识了梁志平(崔健[24]当时的经纪人)。我当时的办公室设在友谊宾馆(中关村许多公司起家时都把办公室放在友谊宾馆),好像隔不远就是友谊宾馆公关部经理的办公室。有一天晚上，经理带我们去听爵士乐（1992年那会儿就有人听爵士乐了）。因为我也是文艺青年，爱好多，因此结交的朋友也多。当时他们说起了崔健，说崔健因为一些原因，不能上电视，不能公开演出。其实崔健特别想演出。我不是做策划的嘛，他们就问我，看我有什么主意可以让他演出。我后来琢磨了很久，就找到中国癌症基金会的一个朋友，让他请崔健来参加中国癌症基金会的义演。他商演被限制了，但义演是可以的。那次演唱会的名字就是"我的病就是没有感觉"。因为这个事儿，后来很多音乐圈的人也请我当策划，包括音乐学院的四才子、瞿小松[25]等。他们一帮人请我做经纪人。我经常被很多人抓来干这事、干那事，因为他们觉得我有主意，又认识各行各业的人，有很多资源可以用。

做互联网是种偶然，但也不纯粹是偶然。其实做寻呼台的时候，我们就和电信部门有合作了。从事寻呼业务和电信业务的人可以算是同一批人。1993年，

伍 做互联网是个偶然

我们做寻呼台时接触了很多做电信业务的人，他们问我们要做移动电话吗？我说可以呀。**那个时候，做电信业务的人自己都不想建移动电话网，他们觉得不像当时紧俏的固定电话那样赚钱，那时很少人想到二十多年后中国的移动电话能发展到今天这样。我觉得一定要回溯这段历史，那时不是所有人都能预见性地了解这个行业的。**我也是那三年做行业宏观研究才有这样的视角。那时，我想去北欧看看移动电话网络会不会变成人手一机。要是的话，我们那时候进去，机会就非常大。所以，可能大家都不知道，其实我当时曾签过江西、甘肃等多个省的移动网建设合同，当时爱立信的人对我说只要我拿下合同，他们负责全部投资。

可惜的是，当时政策没有开放，不允许做。寻呼能做，是因为有一些频率是民用的，当时像水利、消防都有预先指定的频率，而中继线[26]由电信部门控制，市场并未开放，普通国企、更不用说私企均不可涉足。后来尝试性地开放了一个 CDMA 段频率，再后演变成联通公司(这是后话)。在 1994 年,我知道移动电话没有进入机会。还有,寻呼台越建越多,利润下滑。最初卖一台 4000 元的寻呼机,有 3000 多元毛利,到 1994 年仅有几百元毛利甚至更少。寻呼业务"做烂了",没有创新的东西了。我当时就不想做了,没了兴趣。我们当时很年轻,才 31 岁,已经赚了些钱,赚到钱干什么呢?买房子、买车子,安排孩子上学,还干什么呢?恰巧那会儿,见了一些同学,遇到一个机会可以出国,就想出国看看,在这之前我还没有出过国。

我记得是 1994 年 11 月或 12 月,我和我先生一起去了美国。那一次在美国待的时间特别长,有三四个月,当时很想深入了解一下美国的方方面面。我们去的时候正好是美国 IT 超高速发展的时候,很多最新产品发布会我们都赶上了。**我记得我在那会儿看到了苹果牛顿[27]掌上机,就是苹果公司最早做的掌上电脑,但那会儿掌上机没有 WiFi,没有无线,功能很少,就一个苹果牛顿摆在那里。苹果牛顿失败以后,苹果公司**

才做 iPad 的，没有 iPad 的成长史，就没有今天的 iPhone。这些全部都是关联的。

后来我们又去拜访了戴尔总部和 Gateway 公司[28]，因为我们想卖他们的产品。当时我想做一个全新的中关村销售模式，在科教馆做一个 7 天 24 小时开门的计算机直销。当时中关村许多公司周末都不上班的。他们不干，因为他们不想单纯卖计算机了，而想以计算机为中心，做网络，叠加他们的服务。说实话，计算机要做网络服务，这是我在美国获得的启发，这个很重要。

一天晚上，我们住洛杉矶的酒店里，我说打电话找同学聊聊吧。那个时候美国的固定电话、投币电话非常方便，移动电话普及率不高。结果那天我们班的一个同学，我都忘了是谁了，给大家发了我在洛杉矶酒店的电话号码。因为我上学时是班长，人缘很好，当天晚上有 30 多个电话打进来。科大是一个出国学生很多的学校，我们班有 60 多人，大多数人在美国。我当时非常惊讶,他们这么多人是怎么联系上我的,他们怎么找到我的电话?那个同学就给我讲了什么叫E-mail。他说,他们在美国念硕士研究生,大学里给每个人分配了一个 E-mail,因为域名管理与人的物理移动没有关系,只与人本身有关,所以他们即使换工作、换城市,从东部到西部,但 E-mail 可以一直不变。就像我们的邮箱地址与你的家有关,当你离开,你的邮箱地址不变,就还是可以给你留一封信。他讲他们那会儿远程上网用 BBS[29],我们班就有一个 BBS,他们在那里发的消息……

说实话,当天晚上就像开了我的天眼一样,这不是开玩笑,不是编的,真的是像开了天眼一样,我的第一感觉就是"这是一场革命",人类开始走向与物理空间无关、只与自己移动有关的世界了,人类的时空变化有了更大的进展。**我还感觉到,这个东西上面会长出无数的东西来,所有过去的传统的邮政通信手段都将变成它的基础设施,我突然就想象出了这个行业大概是个什么样子,也明白了在这个行业中有很多东西是可以快速成长的。

我本能地对一些新东西感兴趣。我敢拿移动网络合同这件事就可以反映这一点。其实，**我觉得我比较不同的是，我喜欢从整个行业结构来看问题，对新东西，对整个行业的影响有敏锐的直觉。**

前两天我去我们公司，我说："你们现在在看特斯拉[30]吗？"他们说："张总还看特斯拉？"我说："我在看特斯拉会带动什么样的基础设施变革和传统工业结构的改造。"我看特斯拉，完全可以想到这个后面需要什么样的基础设施，例如充电站、电网改造、能源变革、各种新能源产业链、全新的汽车工业，随之而变的汽车零件工业，新的汽车服务设施，新的4S店模式，完全可以想象出这将是完全不同的产业生态系统。我知道特斯拉意味着又一个工业变迁正在眼前。

这种第一感觉很重要。老实说，我当时看到E-mail，就想到过今天会是怎样。可能有人说我在吹牛，但十年前见过我的人都知道，我当时确实是已经想象过今天的游戏的样子。**我甚至想象过有一天,人类所有的东西都相互连接,用什么连不重要,人们时刻联机,实际是联机的那些东西在控制你,人的肉体可能只是它的营养体,你可能只是大系统中的终端……**

这次美国之行的三四个月,让我对整个 IT 产业和人类关系有了一个全新认识。这跟出国去谈一桩生意的感觉完全不一样,我觉得那几个月对我而言完全是一个寻找未来方向的旅行。那个时候我觉得我不缺钱了,没有生存压力了。加上我本性喜欢新鲜的东西,虽然我不是学技术的,但越不是学技术的,才越关心技术的本质问题。那时我就像突然走进一个新世界,觉得灵光乍现,其实那时我甚至隐约看到了网络世界的未来。

光荣与梦想
互联网口述系列丛书

张树新篇

中国人离信息高速公路还有多远

我们一回国,就创办了瀛海威。我们1995年3月回来,公司5月就开业了,动作很快。公司设在中关村南三街,原来物理所的二楼,现在那座旧楼已经拆掉了。公司名称的来源其实特别简单,没什么特别的。那时美国正式把全国联网基础设施叫作"信息高速公路",谁知道互联网是什么?刘亚东[31]讲过一个故事:当时亚信公司招人,能把"Internet"这个英文词写下来的,就能进公司了。

我们当时拉大旗当虎皮,就把公司名定为信息高速公路[32]的音译名了。中文这几个字怎么定的?有个长辈校友,他来我办公室,我说我们要做一家公司想用 Information Highway 的译音,他帮助定了中文字,于是瀛海威的名称便确定了。

陆 中国人离信息高速公路还有多远

公司创业时的投资主要是我们做寻呼台赚来的家底和信用证信用贷款。我们回来就说一定要做互联网，因为我预计未来需要很多设备，投资肯定很大，所以，就把我们的房子、车全部抵押给银行，一共大概筹集了1500万元的启动资金。

早年的瀛海威通讯录，当时还使用BP机（寻呼机、传呼机）。于2005年12月17日"瀛海威十年聚会"当天拍摄。

（摄影：林兴陆，来源：瀛海威网站）

一开始瀛海威的网络架构是怎么做的？互联网线路是怎么搭建起来的？网络又是什么时候正式开通的？

* * *

我们自己建了网络。瀛海威做的是一个从底到顶的网络架构。我们自己从中国电信拉了物理的线路，建了自己通向国外服务器的网络，上面架设了应用网设施，做了自己的内容，设计了自己的服务。那是1995年，当时国内很少有人了解互联网架构，电信管理部门也不了解，电信网络上还没有服务器做 ISP[33]。新浪的王志东[34]也不了解，他当时还只热衷软件呢。我也不是学这个的，但我对自己感兴趣的东西会去钻研。我做瀛海威的时候，把这些技术全部认真地看了一遍，再说我本来就是学理科出身的，不怕新概念。

我们的网络是1995年9月正式开通的,在北京节点开通了全国两条线路。那个开通线路的故事最有趣了。当时我们的机房在中关村南三街,离中科院当时的网络中心只有800米的距离。当时互联网的国际出口专线,除了邮电系统自己有,其他的就在网络中心,高能所的那条线也是接到这里。网络中心当时的主任叫宁玉田[35],是中科院高技术企业局的副局长。我就去找他,说:"我要跟你连起来,我要做服务。"他问:"你能弄到线吗?"还说他们跟邮电部都申请不到线路,他们想跟科学院下属所都连不起来,要让邮电部门帮助架专线可能要等两年。那怎么办呢?我说我看看,然后有趣的事儿发生了。那会儿四环路还没建,中关村的道路没作为交通干道,我一看物理距离只有800米,我就想自己架设线路。我们墙外的路是市政的,在市政道路上架电线杆子必须由邮电部门来做,自己不能做。但是物理所的所有围墙里面的部分是属于中科院的,市政不管,我们可以自己架电线杆子。我就跑到中科院行管局，问相关的负责人："我想建一个工程，围着这几个研究所的围墙架电线杆子连一条线到网络中心成不成，合不合法？"他说："合法，我给你批一个规划就可以了。"所以后来我们就竖了18根电线杆子，连了一条光缆，连到物理所三楼，我们花了8万元，就可以用网络中心的互联网出口了。我们只用了半个多月时间就连上了。宁玉田当时惊到了，问我怎么弄的，违不违法，我说全部合法，所有批件都在这儿。

再回头说网络接入的一端，即加装电话装机线的事儿，过程很简单。我去中关村电话局申请了一个总机服务，总机服务就是9进9出。我申请了20条线，我们的应用并不需要打出，只需要拨进，所以，把它改成18进2出。实际上就是一个公司的电话总机。但电话总机的问题是，它没有一个总的号码，我们的号码资源当时是连号。所以我们就让一个工程师做了一个小的软件,拨第一个号就自动拨内部在线分配的号。我只公布一个号就可以了,就像现在的 95588 等特服号码。而且这个装机线非常便宜,它从来不打出,只产生单项费用。当我们有了国际出口,有了电话装机线,而你有了一个 E-mail 账户时,你只需要拨公司服务号码就通 E-mail 了,你就上网了。这样就开通了网络。

网络连通后,你公司主要的业务模式是什么样的?你又是怎样运营推广上网业务的?那个时候瀛海威做的"中国人离信息高速公路还有多远"的广告很新奇、很有震撼效果,这个你能详细聊一聊吗?

* * *

最开始的时候,其实我们的业务模式很简单、很清晰。我们第一个店开在科教馆那儿,卖计算机、卖 Modem[36]、卖上网账户,像个能上网的咖啡馆。

其实瀛海威可以分为两个时期,原来的小瀛海威,就是北京瀛海威时期,还是赚钱的。你知道最早的上网账户有多贵?跟汉字显示寻呼机的价格差不多。当时主要是中关村的研究人员买,他们过去到机房上网很麻烦,突然发现自己买一个 E-mail 账户,装好调制解调器在家拨号,就可以直接跟国外联系了,他们觉得很方便。当时我们还开通了一项服务,假如家里没有计算机,因为那会儿家里没有计算机、没有调制解调器、没有电话线的人很多,你就可以到我我们公司上网。这个就像到邮局打长途电话,过去家庭电话都是不能打长途的,得专门到长话局打长途电话。我当时按时间收钱,客户可以买一个账户到这儿用,相当于后来的网吧服务。我后来经常开玩笑说,张树新的公司做得很小,比后来做的那些差远了,但一直有人怀念,这是为什么呢?主要是因为那会儿上网的人全是精英,像北京的那几千个客户好多后来都成了名人或高管。胡泳[37]跑到我那儿上过网,蒋亚平[38]也是在我那儿学会上网的。

那时我们还做内容,就是 BBS,那时在网上讨论问题的人都是相对的精英人士。这就是 1995 年时的主要业务模式。北京瀛海威当时是靠网络服务赚钱的。我当时还在想,我可以把卖计算机的业务停了,因为原来认为卖计算机的业务有利润,服务没利润,但后来我发现卖服务有利润,卖计算机的业务反而没利润。我记得当时的上网账户分能出国的和不能出国的。不能出国的账户就在网上写帖子,供网民们相互联系,然后可以跟我们的售后服务有连接之类的。不过,这种不能出国的账户是多少钱我还真忘了。还有一种是能够出国的,叫 WWW 账户,上网一年是 1000 多元,包月包时。

到 1996 年年底,我们就建起了全国网络,共有 8 个节点,全国 8 个城市的节点机房之间我们用了 DDN[39]

网。DDN就是物理线路，是光缆和卫星双备份。万一其中一种出了问题，另一种还能保证网络是通的。我们最初在北京提供服务的时候，跟邮电部没什么关系。但1996年我们的节点开到全国的时候，要到各地搞装机线，就必须和邮电系统打交道了。那会儿由行政管理司向各地发牌照，比如说寻呼台牌照，但我们这个他们无法归类，于是就往原来九类开放服务中的电子邮箱和图文传真服务上靠，到1998年的时候才按ISP服务发的牌照。

我做事很快，经常很多条线同时并行。我们1995年9月连通网络，大概八月底九月初那个广告牌就立起来了。公司开张了，我们得给用户说明我们这个公司是干啥的呀，特别是当时很多人根本不知道互联网。我记得我们公司那会儿有一个走廊，讲整个信息社会怎么构成，今后会如何发展。当时初到我们那儿上网的用户可以拿到公司提供的一套光盘，打开之后有音乐，介绍怎么上网，其中还有我讲的信息社会的伟大意义。**我记得，我们公司好像有一个人还留了这些东西。我没有留，我这个人是把所有历史都扔在后面的，谁爱回忆就回忆。**[40]

"信息高速公路"那个广告牌，实际上是一个指路牌。我记得那个广告位很贵，18万元一年，这在当时是天文数字。当时我们市场部经理叫刘杰[41]，他还问我要不要拿，我说一定要拿，因为我们一定要让人知道我们公司是干什么的。我们一伙人就在办公室讨论怎么宣传，广告怎么设计才能说清楚我们公司正在做、正要卖的东西。不记得谁提议的，说要不然就直接说信息高速公路。我说好，中国人离信息高速公路还有多远？向北1500米。那个地方正好是我们的门市。这是我说话的一种风格，就这么简单，就是大家几个人坐在那儿揣摩出来的。当时我们广告策划人就把它画出来贴上去了。后来这个广告成了经典案例，因为当时很少有人这样做广告的。这个广告牌确实有点新奇，那时大家还很少见到这样的广告牌。

瀛海威广告——"中国人离信息高速公路还有多远？向北1500米"。于2005年12月17日"瀛海威十年聚会"时翻拍（原照片摄于1995年9月30日）。

（摄影：林兴陆，来源：瀛海威网站）

现在广告营销有各种策划、各种思路，但那会儿我们就是大家聚在一起，头脑风暴一下就成了。说起广告，还有很多趣事。后来我们全国网络开通后要在报纸上做广告，当然，报业很多人我都认识，夏鸿[42]那会儿被我们挖来做策划。当时记者跟我关系很好，一堆人在我屋里攒半天，说你今天可以出国，可以这样，可以那样……其中就有一句话"今天你不用护照就可以出国"。后来，我们就在报纸上做了一个广告，一个整版写了一句话"今天你不用护照就可以出国"。结果公安局的一个领导，就把我叫去了，大训了一顿："你以为你是谁啊，你是公安部吗？你还发护照呢。"我跟他们解释半天这是什么意思。那会儿就是这样的情况，会出现各种有意思的事。

因为很多新鲜事儿，大家都没有见过，都是那会儿出现的，所以我们免不了要和政府各部门打交道。1996年，我跟计算机安全司政策法规处处长聊，我问他一个问题，说如果有人在网上骂人、说不好的言论，是谁的责任，是我的，还是他的？他想了半天说是我的。我又问为什么？他说是我提供了让人们在网上骂人的地方,就像卖淫嫖娼,谁提供了场所谁就有责任。我说那我怎么办?不能因为高速公路上可能翻车就不要高速公路了。他就建议我事先申明责任。所以 BBS 上"文责自负"的那条"规则"还是我发明的。我还记得说明文字稿最初是我先生写的。因此,他被那位处长封为"中国第一个网络警察"。

还有一件事也很有趣,就是客户备案的事。我们当时干的都是破天荒的事,那时候根本没有 ISP、ICP[43] 之类的概念,所有的事都是边干边规范,很多后来做互联网的人无法想象的事我们都干过。在 1996 年初,政府出台了一个个人联网接入暂行规定,要求个人入网必须到公安局去备案。当时的客户很多是科研人员、老教授,我收人家钱就得替人家服务。我后来就又有了第二个"发明",就是替客户到当地派出所去备案,我们带着一叠登记客户备案的资料,一个星期去一次当地派出所替客户备案,每个收费 320 元。后来,互联网个人备案制度出台后,当时很多国外媒体记者来采访我，如《华盛顿邮报》《华尔街日报》《纽约时报》，还有路透社，有个记者问我对中国的上网备案制度怎么看，我说这是好事。他说怎么是好事，我说你想一想，过去没有管理，有可能不允许你联网，现在管理了就说明大家可以上网了。这个问题就看你怎么想了。

光荣与梦想
互联网口述系列丛书

张树新篇

领先三步成先烈

柒 领先三步成先烈

可不可以聊一聊梁冶萍[44]给你投资5000万元的事儿？

* * *

我并没有主动去找梁冶萍他们，是他们找到我的，那时候我还不知道他们是谁。1995年的时候，我们做得挺火的。当时北京这边办公室已知约有70名员工了。那会儿很多人来找我，跟我谈投资，我那时就认识叶克勇（Peter Yip）[45]，还有曾强[46]。梁冶萍过来的时候还带了两个人，他们花了三天时间听我讲我的伟大理想，然后就特爽快地说要投资了。她什么账都没看，只要求控股，说我对公司现有资产评估多少都行。我当时花钱也很不在乎。我初始投了700万元，我就评估了2100万元，是投资额的3倍。我当时欣喜若狂，哪晓得控股这么重要。我们那会儿现金少，还是传统的那种经营模式，在财务思路上更像小企业家。三天后她就给我的账上打了5000万元，这以后我们只占26%的股。谁能在1996年时，见你三天就给你5000万元，然后按你的想法去做？所以，我总说梁冶萍是中国第一位风险投资家，她当时投给我们的5000万元是中国互联网的第一笔风险投资，只不过没投成功而已。

梁冶萍进来以后是董事长，但是日常经营活动她全不干预。当时我特兴奋，想着我终于可以实现我的伟大理想了，就迈开了步子全国遍布网络、全国经营。5000万元到年底就快没了，公司到1997年就亏损了近2000万元。后来她还做过一点股东借款，1股1元的价格转股，转股以后她就变成75%的股了。其实1998年的时候公司虽然亏损，但还是可以维持运营，挺过那阵子就能坚持下来，而且当时有很多人来找我们，想要投资。但后来我被董事会清零了。从那以后我再也没见过她,从来没见过。离开之后,我只做了一件事,就是在媒体上讲道理,讲我离开瀛海威是因为业务之争。到现在我也不讲别的,我有底线。我以前就说过,瀛海威的事现在还说不清楚,也许再过十年、二十年可以说清楚吧。

瀛海威就是这么简单的一个历史。就是像我说的这样,像个暴发户一样暴发,然后像彗星一样坠落,就这么结束了。

你现在回头看,自己在创办瀛海威时有哪些经验教训?

* * *

经验教训嘛,很多人说我当时花钱花得太猛了。这跟我前面赚钱赚得太快有点关系。因为中国当时正在快速成长,挣钱很容易。尤其像我做的行当,进来后发现自己几乎是在创造一个新世界。我现在公司的英文名字就是创世纪。**在一个一马平川的新世界，你就容易做出误判。另外，失败一定是成功之母，这是没办法回避的。**其实，现在想一想，从1995年到1998年，瀛海威三年其实花了不到一亿元。那会儿我觉得简直是太多钱了，跟别人比起来太多钱了。但是说实话，瀛海威当时确实做了很多事，其实应该只做一家公司该做的事。因为我们是在创造一个新行业，搭建整个行业的复杂架构。如果那个时候瀛海威不发展那么快，不是上来就把行业结构做那么复杂，很容易存活下来。但你想想，那个时候，连163[47]、169[48]都没有，我们最开始不做ISP，就没有ISP，说实话不复杂也不行，因为太早。**我评价自己的这句话其实一直没有变过：我做瀛海威，是在一个错误的时间、错误的地点做了一件正确的事。**其实，我要不离开，瀛海威当时还是有好的发展机会的。我当时已经和电信谈好了，整个169我们包下来做了。要是这个做成了，互联网的网络格局很可能不同，后来又会怎么样也不知道，也许中国互联网的历史还要改写。所以一家公司的具体命运有很多偶然性。

我觉得我创办瀛海威之所以失败了，还有一个原因，就是当时不太懂资本的运作，我以为钱就是很简单的事，但是没想到资本有着另外一套运作规则。所以，虽然我是创始人，但当时不懂资本运作规则，不懂股权的力量，于是被控股方驱逐出局。这就是资本运作的规则，你不懂，但入了局，就不得不遵守规则。**其实，我自己现在回头看，最大的经验教训还不止这些，而是我们做得太早了，步子迈得太大了。就像有人说的那样，领先一步是先驱，领先三步就变成先烈了。**

那个时候我们的确做了很多超前的东西。全中国第一个提出一家一个网的就是我。当时我就想我卖计算机的同时，网络就在里面，那是不是售后服务就变得很简单?其实我那个想法有一点像 NC[49],NC 第一轮的想法就是在 1995 年提出的。当时我还有一个想法叫作 VOD[50]。这些今天都实现了,可是当时都失败了。

而且当时我就察觉今天网络金融的一些苗头了。1995 年,我们用的最早的一套 BBS 软件是从美国买的,买了它的中文版权汉化的。这个版本有趣在哪儿?它是以上网时间作为货币支付的,我们叫信用点。我们的信用点就是我们用钱支付,你买一分钟就一个信用点,一小时就是 60 个信用点。信用点可以在网上支付,还可以转给别人,可传递,其实就是电子货币。后来网上有一些人就开始卖自己的小说,也有人付钱。我记得我们当时很认真地讨论过这个信用点的问题,因为它和财务的关系有点复杂。1997 年年底,公司在全国十几个门市促销,促销时他们会用信用点,所以我们在财务上要核算全网一共有多少信用点才能平衡。信用点在正常发售的时候,十个点就等于十分钟,比如说是一毛钱,那六块钱就是十小时,就是一分钱等于一个点,如果发多或者促销多的时候有可能十个点只值八分,就贬值了。这时我就突然发现我们的财务管理这个信用点很复杂,因为它跟我们资金直接对应,然后我就看了一些金融方面的书,发现我们那个信用点,不只体现简单的总公司与分公司的财务关系,还很像央行和分行之间的关系。

我们当时可以做很多事情。1995年我就想到了,这个虚拟的信用点可以跟现实货币有兑换接口,人们在那里消费的时候就创造了一个世界。这就像现在的Q币。其实Q币也是从最早的游戏软件的结算方式中演变而来的。我对这些虚拟的东西特别有感觉,知道可以从中创造出一个现实生活中不存在的世界,但这两个世界感觉是一样的。

还有游戏,我当时也想过现在的这种游戏模式。当时最早的游戏是DOS界面的棋牌、打扑克之类的,有PC版的和联机版的。国内最早玩MUD[51]的几个人我全认识,MUD最早是文字MUD,就是角色扮演游戏,后来中国最早开发游戏的人就是这些做 MUD 的人。当时我就跟他们聊,如果能够变成 Windows 系统的图形版,能够联机多人同时互动,那就更好玩了,会有更多人玩。我还请了一个在台湾做游戏的人过来聊了半天。但是因为太早了,说实话,那会儿没有条件,最后也是无疾而终了。

你离开瀛海威时并没有想好接下来要做什么,是不是有一段时间还挺迷茫的?

1998 年我刚离开瀛海威那段时间,迷茫谈不上,但的确有一阵子感觉很乱。一个是那个时候我才清楚"大股东"意味着什么,我得保护自己,那一段时间我很高调,接受了很多采访。另一个是那会儿不断有人来找我,说要给我投资,让我再做一个瀛海威,或者去做一个像新浪网一样的网站。

我了解了一些事后,本能地想要把自己的名声放大,因为这是最好的自我保护。所以,后来有段时间接受了很多媒体的采访。但我当时讲的都是业务。因为我觉得这家公司还在发展,不是我们败了,或者我们成了,就和这个业务没有关系了。**我当时讲得最多的主要是这么几点教训:一是互联网创新公司的股份结构似乎并不是我们想象的那种传统结构,应该接受风险投资机制,这是我的第一个反思;二是我们自己对互联网业务发展速度的感知和市场实际发展速度的感知是不一样的。我当时说我犯了这个行业所有的错误。**

当这个行业正在变化然后应该专业化分工的时候,我们的结构固化了,还将整个链条绞在了一起。就像爱迪生最开始自己做灯泡还自己发电,但后来行业必然会专业化分工。那个时候,ISP、ICP已经开始分离了,我当时也想把公司拆分成几家,如做接入的、做网络服务的、做内容的。关于ISP,我想不用自己的网,想承包中国电信163、169的网。我们实际上有机会去做，但我们已经没钱了。我觉得公司还在前进中，有些事情就不能不讲清楚。

后来，这个事情过去了，我在媒体上就很少出声了，除了我有一些收购活动时会和媒体打交道，后来就再不和媒体讲瀛海威的事了。其实我是一个不愿意高调的人，你看我后来的生活就知道。我很清楚媒体意味着什么，我不会刻意在媒体上分享个人生活。

那个时候我还得赚钱，大好时光我不能耗费？我又回到我策划的老本行，有一堆生意在进行中。当时我手里还拿着一堆上市公司的股票，可以说，后来我拼的全都是准备上市的企业的案例，我最后在纳斯达克泡沫爆掉前（2000年3月——编辑注）赚了钱，重新做了自己的投资公司，相当于是在金融行业重新创业。

光荣与梦想
互联网口述系列丛书

张树新篇

互联网的社会革命

你早期做的事儿对中国互联网的发展挺有影响的。特别是你支持出版了一套互联网社会学方面的书并且支持举办了一些国内与国外的技术交流大会,被视为中国互联网的启蒙,你能讲讲这方面的事吗?

* * *

你说的是让刘苏里[52]和甘琦[53]做的那套"网络文化丛书"吧。1995年,甘琦从美国回来,刚跟刘苏里做万圣书园。我在还没筹建瀛海威之前就认识甘琦。因为我爱看书,就偶然地认识了她。1995年,我们当时

捌 互联网的社会革命

钻研互联网是什么,其实我们自己也在不断地学习、探索和认知中。我发现美国在做互联网社会学方面的研究,我觉得互联网绝对不只是商业,我个人一直特别希望把互联网对社会的影响搞清楚,互联网对教育、对大众心理、对国民会产生什么影响,是我一直想讲出来的。所以,有一次我跟甘琦聊天,就谈到我们能不能找一些人把它讨论明白。恰巧刘苏里有一次在我这儿,那时我在上网,跟他讲"你看现在亚马逊怎么在网上卖书"的时候,他在那边看着有人在我们 BBS 上自由发言,很活跃。他看了很久,之后说了一句:"树新,这是一场革命。"

他这么一说,让我感觉毛骨悚然,如雷似霆。后来我提议:咱们能不能找一些人把互联网的哲学机理,以及它对人和人之间的关系、影响讲清楚。互联网的确改变了人与人之间的哲学关系。就像我经常跟我女儿说:"你在物理空间中见过你的网友吗?"她说:"我为什么要在物理空间中见过他。"互联网让人的关系可以脱离物理世界,这是一个飞越。因为我是一个学理科出身的人,碰到一个不清楚整个行业未来的事就有点困惑,我就特别想把它搞明白。按理说商人不该想这么多,可我就是特别想把互联网的哲学机理搞明白。这也是为什么第一个主编选择郭良[54]的原因——他是学哲学的。郭良很幽默,他自己很懂 BBS,后来还做过哲学网。我俩一见面就聊得热火朝天,一起讨论、想象未来的事件。那个时候我们就商量,聚合一批优秀的人,一是有学术根底的,二是在技术上能够融会贯通的人,把互联网对社会的可能影响写出来。这套书的由来就是这样。

做这套书的时候我们出了不少钱,将近有 100 万元吧,是 1996 年投资进来以后投入的。这在当时算是一笔不小的投入了。1996 年夏天,我跟刘苏里签了合同,由甘琦来执行。我们开始主要是做译著,全部翻译最新的东西,后来才做本土原创的。当时做书并没想挣钱,一本书才赚多少钱?主要就是前面我说的,有自己的兴趣，想把互联网这些事搞清楚。但这套书当时挺有影响的，一开始印了5000册，很快就卖光了，而且这套书后来一直很热。主要是很多大学的学网络传媒和传播的人想了解网络社会，也知道有这么一套书，结果书再版多次。

那会儿我们做这套书也很不容易。首先，找人不容易，当时国内做网络社会学研究的几乎没有，到现在国内做这个研究且做得真正有深度的也很少。其次，我们还得跑出去找资料，组织大家开会讨论，都不容易。好在那时候，美国已经有一批学者在专门研究网络政治学、网络社会学。加州伯克利分校[55]和哥伦比亚大学的一些学者就在研究网络在政治学、心理学、哲学上的影响，研究未来网络在进一步发展之后对整个社会治理结构的影响、对人心理结构的影响、对教育的影响、对医疗的影响。其实那个时候，我们也一点儿经验都没有。我觉得当时我们相当于在给行业研究做铺垫，是国内第一个做这方面研究的。现在想，作为商人的我不该做这事。但回到我当时的状态,我肯定还是会做的。我是一个觉得挣钱太容易的人,而且突然闯进了一个崭新的行业,我又想把这个行业讲清楚,这是我个人的兴趣。**说实话,一旦钱挣得容易之后,特别容易有一些其他的想法,就是马斯洛需求层次理论[56]说的,生存需求满足后,其他层次的需求就会接踵而至。**当时就是这样的状态。回过头来看,这套书做得还是挺有意义的,当时为这个行业做了一些基本的学术解释,还有就是成就了一大批人。还有姜奇平[57]、吴伯凡[58],当时都在里面出了书。现在研究互联网社会影响比较有名的一些人,很多都在里面。

正好,我们1997年在向全国建网发展,我觉得可以借这件事情在全国推广互联网,让国人都知道互联网是怎么回事。一个偶然的机会,我们做了个公关活动,请尼葛洛庞帝来做"数字化生存"的论坛。当时我们的公司就在科学院情报所下面,就是现在科技部的旁边,中央电视台的楼下。我们在那儿有一层办公场所，一千多平方米，有一个很像样的大会议室，那次论坛就在这个会议室里开的。当时来了三百多人，政府官员占了一大半。最开始请的翻译不懂专业，翻得结结巴巴的，中途还换了一次人。当时还是挺小心的，因为我们想让政府官员知道互联网是怎么回事。当时举办这个论坛我们花了几十万元，我只要求他们所有的论坛都在我们公司里开，没别的要求。我是后来才觉得这次论坛挺关键的。因为尼葛洛庞帝讲未来、未来后发优势这个东西，确实成就了张朝阳[59]。张朝阳认为那次论坛之后整个业界的焦点就从我这里转到他那里去了。他是这么认为，但也无所谓了。这个论坛的争议也很大，很多人觉得我们花几十万元来举办这个论坛太大手大脚了。张朝阳曾说，我们花这么多钱来举办这个论坛超出了他的想象。那时候几十万元对于张朝阳来讲是大钱，他当时在筹建公司，只拿到几万美元投资，一次大活动就可能把钱花完了。但对我们来讲，这只是当时公关活动的一个正常计划。我们那时候一年的公关经费是几百万元,因为我们要做市场推广,让更多人来上网。**现在人需要"戒网瘾",但当时我们还得"忽悠"人来上网。**所以,我一直觉得,我们举办这个论坛,当时是对的,因为这个论坛,对推广上网来讲,比直接做广告要强,影响更大、更深远。

光荣与梦想
互联网口述系列丛书

张树新篇

强大而又脆弱的未来

之后你还做过出版研究、会议论坛之类的事吗？还在持续关注互联网创业吗？

* * *

我在1999年年底就创办了联合运通投资（控股）有限公司。这个公司已经经营了很多年了，新的基金已经发到了第五个。因为运作还可以，公司一直在赚钱，那就继续做吧。互联网这块，从那以后做得少了，偶尔参与一些，主要是看我个人的兴趣。我做事更多凭兴趣。

1999年之后，我不直接做互联网的事了，但我对互联网社会学、政治学方面还是感兴趣的。我们那套

"网络文化丛书"还在做,做了另外的版本,"思想@网络·中国"。总而言之,我的许多经历,和其他互联网创业者不一样,不好说。反正我个人觉得,**对商业这个东西,你不缺钱了,就别太较劲了,人还是应过一份有省察、有尊严的生活,人还是应按自己的兴趣做事。**

其实我对互联网的发展历史也特别感兴趣。这段历史很热闹,好多事就像树上的枝杈,不断分出新的枝杈来。我觉得我们真应该回头仔细看看、认真想想,当年互联网的门到底是怎么开的。其实我们也为梳理早期互联网的历史开过几次会,**当时特别想做政策的一面,探究潘多拉盒子是怎么打开的。当然一打开,就再也合不上了。**

后来想想,我们当初的努力在中国互联网的发展历史上还是有点儿用的。

你亲历过早期互联网发展的起起伏伏,和许多中国互联网的开拓者打过交道,又长期关注互联网对社会的影响,你怎么评价互联网在中国二十年的意义?你对中国互联网未来的发展又怎么看?

* * *

互联网在中国二十年的意义?我觉得怎么说都不为过。互联网对中国就是一场启蒙,一场革命。大概是在2008年6月,我们在香港中文大学做过一次闭门讨论,就是讨论互联网对中国社会的影响等议题。我记得,连续五天无其他议题,就是专门讨论这个主题。当时大家在讨论互联网对于中国来说究竟是转变之体,还是转变之用。我们讨论后形成的共同判断是,互联网对于中国是转变之体,互联网会承载中国的转变。因为它是转变之体,就会承载社会转型、商业模式变化,承载人的心理结构变化,承载教育、医疗所有东西的变化。我觉得2008年的时候我们能认识到这一点已经算很早了。

至于互联网的未来,它在未来还会无比强大地继续改变这个世界,打破原来的一些秩序和规则,形成一些新的趋势,也会有新的问题。互联网有太多的问题我们还没有深入研究。

现在全世界、全人类都面对的问题是,网络的发展对人类未来会形成什么影响?我前两天跟科大校长聊天,他说他们很多老师在课堂都问学生,能不能在上课的时候做到十分钟不看手机?能做到吗?做不到。如果十分钟不看手机,学生就紧张焦虑。如果一直这样下去,人类将来还会有伟大的科学家吗?人类很多思想成果都是人类自己苦思冥想出来的,而互联网会导致我们下一代形成浅阅读的习惯。你在网上看东西,网上的文字和图画会引导你、控制你,会限制你的思考和想象,会对你的大脑结构产生影响,这和看纸质书的"深阅读"是完全不一样的。**这些问题其实**

很严重，因为人类真的可能就像有的科幻小说写的那样，慢慢地进化得越来越淡了，越来越浅了，而且这种趋势在加速，你必须承认它在加速。此外，全世界所有的国家都面临政治和舆论控制之间的紧张关系问题，等等。

至于说中国互联网未来的发展和互联网对中国未来的影响，我认为有特别多的不确定性。中国社会及中国互联网状态的复杂程度导致了未来的变化非常复杂，充满不确定性，从某种意义上讲这种复杂性又注定了互联网未来的发展非常脆弱，这种脆弱会导致很多不可预知的东西。我记得有一本书叫《寡头：新俄罗斯的财富与权利》，那里面讲了一句话："人类社会没有给我们一个时间，让我们在一个孤岛上用50年的时间转型。"我们今天也一样，而且我们今天是在一个全球化开放环境之中。我们现在看西方500年的历史，在大航海时代之前，所有重大转变是相对静态发展的过程，很多因素的相互作用是有限的。

玖 强大而又脆弱的未来

要知道互联网带来的未必都是好事,也许会有很坏的事情发生。在一个信息几乎对称、大家都在透明体验的情况下,会出现两种情况,但两种情况都很恐怖。一种情况是,这个东西被全部控制了,其实你也不知道那个真相是不是真相,它只是被表达的真相。另一种情况是,有可能你没有任何时间做任何转变,你必须彻底透明化,这种透明会绑架你、会限制你的转变,因为转变是需要黑箱的。

互联网带来的不仅是便利,不仅是信息公开的好处,还有各种各样的危机。我一直警告那些整天在微博上写东西的人——只要分析你在网上留下的痕迹,只分析几样东西,马上就清楚你是谁,可以很快地知道你是谁,在哪儿,跟谁联系,跟谁好,做了什么,有钱没钱,因为你在网上有太多的痕迹。所以我常说,除非已经决定要站在聚光灯下,否则,不要在网上过度表达自己。**因为你为了自己表达,但表达之后,别人在猜你的表达背后有什么表达,其实是不是你自己**

表达的你也不知道,而这会反过来塑造你的形象,慢慢你就会疲于为自己辩解了。这是一个心理学的东西,很复杂。互联网会在某种程度上给人类社会带来改变,但同时也会为人类社会带来冲突和危机。这些其实都是大问题,但是很少有互联网从业者去想这种不确定性及其脆弱性……

(本文根据录音整理,文字有删减,出版前已经口述者确认。感谢薛芳、刘旭艳、林兴陆等人为本文所做的贡献。)

语 录

○ 人不要老做重复的事情,我从来没做过重复的事情。互联网行业的创业需要激情,天下本来没有路,无知者无畏,路自然就走出来了。如果你等所有事都看明白了,就没法做了。[60]

○ 任何一个行业都有比较早进入的一批人,还有后来在不同时期进入的人,我觉得比较早进入的人不管是从主观上还是客观上,会扮演行业先锋、开拓者的角色,这未必是他自己的意愿,很多事情是没有办法预知的。比如你想做内容,但大家还没有上网,要上网就要先接入电话线……我不觉得有多少人是想自觉地扮演启蒙者的角色,而是后来的人把客观形成的事实扩大了,你不想做这件事,但客观上你做了。你也很希望前面有人蹚路子,后面跟随就好了,可惜这个角色不属于你,所以你扮演了之前的角色。[61]

○ 我是骨子里有悲观情绪的乐观主义者,同时也是一个极端有现实生存智慧的理想主义者。我很少往后看,只往前看。[62]

○ 历史看多了,眼睛就明亮。亲身经历后,又看那么多人描述的,我能明白那么多事情,何为真,何为假。很多偶然的成功,会在之后被梳理成必然。其实读历史给了我们反思的机会,我们是崇拜英雄的民族。我认为我们这些人,个人价值被超额认购了。民众的赞誉、热情,太多了,会害了个人。[63]

○ 互联网其实对人的诱惑很大，给予你"创世纪"的幻觉，以为自己可以成为新世界的主宰，让你可以看到很多现实生活中不存在的东西，而且你还可以随手拿来，如果你不是一个内功深厚的人，你怎么承受得住，你不走火入魔才怪，你真的消受得了吗？[64]

○ 其实，读书首先是一个解毒的过程。[65]

○ 在瀛海威时我曾连续三个月每天工作14个小时，因为想要有所获得，必定要付出代价。就像许多人，想获得事业成功而付出了家庭甚至天伦之乐的代价。我学化学出身，我相信能量守恒，在面对这种平衡时，必须心态坦然地接受它。所谓不贪，不能追求全得，但自己知道该要什么，不要什么；能做什么，不能做什么。[66]

○ 互联网本身不是问题，只是社会的一个放大镜或者是凹凸镜。互联网其实对于现实社会建设改进有好处。要思考怎么用好这个镜子,而不是拼命地把凸点压回去,假装不存在。当照妖镜在面前时,是打碎镜子还是让自己去妖还人,这是两个完全不同的选项。[67]

○ 很多企业家在内部管理上,自己就是皇帝加上帝,不只在物质上管理员工的吃、穿、住,还管理精神,用自己的道德教化自己的员工,以企业文化之名奴役别人,这样的管理者还很多,甚至好像还挺成功。但这些人的问题是,等他自己有一天困惑的时候,他也会很累。因为特别多年轻无知的羔羊们把他当上帝时,而他自己却也不知道要去哪里了,可能是他背负的重担太重了。[68]

(语录中的文字内容稍有改动——编辑注)

链 接

张树新推荐的书[69]

1.《书斋里的革命》朱学勤

这是一本可一读再读的书(时间会检验何为经典!),书中有许多关于价值和观念的讨论与思索,几乎谈及了我们今天在这喧嚣的微博时代大部分的纠结与焦虑,这也是我繁杂的书架上经常被抽出来的一本。

2.《思想与乡愁》崔卫平

崔卫平是另一位我个人甚为推崇的自由主义学者,也是文笔优美的影评人与翻译家。她写作的主题都直指社会现实和人性的幽暗,但字里行间都在呼唤理想与光明。在这本书的后记中，作者坦言：思想就是处理自身的黑暗，是自我教育。

3.《从"东欧"到"新欧洲"：20年转执再回首》金雁

这是一本看似写东欧，其实一心要回答中国问题的游记体的学术著作，是近年来难得的一本对转轨后的中部与东部欧洲的政治经济社会现状的观察与解读。

4.《启蒙的自我瓦解》许纪霖 罗岗等

这是本人五年前开始闭门读书时了解中国思想文化界的入门书，也是迄今为止我画线最多的书。如果有哪位书友有兴趣了解中国社会科学领域从20世纪80年代到90年代的诸多思潮的源起源落、知识分子群体的认同与分化、大量似是而非的文坛公案、学界是非，这一本就足够解渴。

5.《中国现代思想的起源》金观涛 刘青峰

这是一本典型的以科学逻辑思维分析思想历史的学

术著作，有科学家的自负与执着，也有知识分子的良心与忧思。虽信息量庞大，但因其条理清晰，自圆其说，读来很是过瘾，常读常新。

6.《继承与叛逆：现代科学为何出现于西方》陈方正

本书在科学史叙事的后面衬托着一层西方哲学史，而且还隐现着一层西方文化史，心中关怀的却是科学与中国文化之间的关系。

7.《奥本海默传》凯·伯德 马丁·舍温

科学与政治之复杂关系的传记读本。

8.《极权主义的起源》汉娜·阿伦特

极权主义系统研究的开山之作。永恒的经典。

9.《苏联的心灵》以赛亚·伯林

令人尊敬的哲学与政治思想家关于苏联知识分子的私人札记，记录并证明了自由文明传统在瓦砾和灰烬中的艰难传承。

10.《异端的权利》斯蒂芬·茨威格

大作家的一本小册子,关于弱者的权利,苍蝇战大象式的勇气,关于精神自由之不可剥夺!

相关人物

"互联网口述历史"已访谈以上相关人物,其"口述历史"我们将根据确认、授权情况陆续推出,敬请关注!

访谈手记

方兴东

我和张树新一口气聊了 5 个小时,她的口述几乎是在不知不觉中完成的。结束后,她也感叹说,自己还从来没有如此细致地想过自己的人生历程。这一次访谈,是在我和她几乎将近十年没有见面之后完成的。所以,口述访谈如此顺畅,应该加上一点老友重逢的味道。

相信任何见过张树新的人,都会对她强大的气场留下深刻的印象。在她面前,你基本上只有接受她观点的份,很难取得压倒她观点的优势,哪怕你真的有理。这就是张树新!性格决定命运,今天的张树新风格上依然如故,几十年如一日,风风火火,维持着自己一贯的气势。虽然她已经远离互联网主流领域快20年了,但是,她的印迹却长存于互联网发展历程中。

访谈手记

我和张树新认识了有20年之久,是很熟的朋友。我参加过他们夫妻举办的不少活动和会议,包括饭局。我第一次体验比较奢华的饭局,就是在张树新那儿,当时她刚离开瀛海威不久。那一次饭局的费用肯定不菲,多少有些让我意外。然后,我还和他们一起去过山西太原、云南昆明。张树新的气场大、感染力和影响力明显,使周围人振奋、激越,仿佛充了电一般,绝对不缺乏过瘾的感觉。

我们还有很多共同的朋友,姜奇平、胡泳等。但是,我们两人始终没有成为可以深度合作业务伙伴。甚至在十年前,张树新牵头,田溯宁、沈南鹏、邓峰等出资,也准备做口述历史,张树新都没有拉我入伙。即使我和王俊秀一起约她吃了一顿饭,毛遂自荐,她也没有松口。

因为我们之间不仅在某种程度上有些气场不合,更重要的是我们的价值观也存在某种错位。我非常尊重她,但是我内心并不完全认同她的一些观点,尤其是她离开互联网之后各个阶段对于互联网的评价。张树新的思想穿透力毫无疑问是一流的,但是,她习惯的那种自上而下的视角,始终与我所信奉的互联网精神难以同文共轨。张树新呈现的那种"牛"和俯视姿态,与互联网精神本身的那种自下而上,那种鞠身俯首、身体力行,认同草根力量和草根精神的内涵,总是存在不可调和境域。

她维持着她的个性,一种自上而下的气场,注定了她与崇尚自下而上的互联网精神的主流分流而淌。张树新在中国互联网发展初期,激起了华丽而灿烂的浪花,短暂而剧烈,也留下了巨大的遗憾。当然,以张树新的个性,永远不会在你面前承认自己道路的遗憾。她始终是当年中国科学技术大学的那个意气风发、个性极致张扬的学生会主席。她把自己始终搁置在舞台中央、麦克风前、聚光灯下,但是,她真的错失了能够实现人生更大价值的机会:在互联网领域继续高歌猛进。

诚然,张树新的人生在任何领域都不乏精彩。直到今天,当年她身上的那种气质和魅力依然不减,每一次见她都会有新的内容分享：环游世界、科大校友会，以及她给科大学生讲述互联网历史的经历。

但是，作为朋友，我内心永远挥之不去的那种遗憾：像张树新这样的人才，如果能够一直活跃在互联网舞台上，一直引领互联网的潮头，那能为她自己的人生和中国互联网增添多少非凡的精彩？说得更简单一些，如果张树新更具有互联网精神，那么，她的轨迹将会有很大的不同，她的故事将更精彩。毕竟，这个时代，哪有比互联网更好的舞台。

我之所以这样想，是因为我一直把她真正当作重要的朋友，也很敬仰她。虽然我们在事业上一直没能够走得更近，但我也相信，对于我所从事的事业，张树新也一定会在内心尊重和认可的。

虽然我和她始终在风格上相去甚远，但是，我依然怀念张树新张罗的饭局和共同经历的时光。

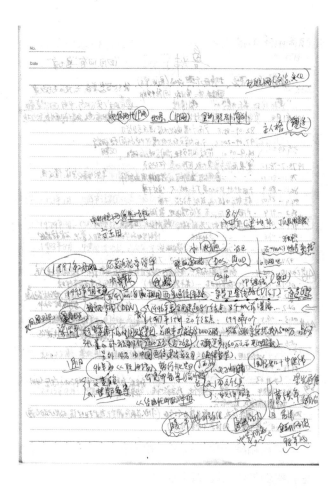

访谈手记

图为方兴东采访张树新当天的访谈笔记(部分)。

人名索引

本书采用随文注释的方式。因书中提到人物较多,一些人物出现多次,只有首次出现时,才会注释。为方便读者,特做此索引,并在人物后面注明其首次出现的页码。

C

崔　健··································043

D

丁肇中··································029

人名索引

F

方舟子……………………024

G

甘　琦……………………078

郭　良……………………080

H

胡启恒……………………031

胡　泳……………………059

J

简　宁……………………023

蒋亚平················059

姜奇平················082

L

刘　杰················061

李政道················023

李约瑟（Joseph Terence Montgomery Needham）
················027

柳传志················032

刘亚东················052

刘苏里················078

梁冶萍················067

人名索引

M

马 云……………………041

N

宁玉田……………………055

Q

瞿小松……………………044

T

田溯宁……………………012

W

吴健雄…………………023

王志东…………………054

吴伯凡…………………082

X

夏　鸿…………………063

Y

叶克勇（Peter Yip）…………067

Z

曾　强…………………067

张　宏……………036

张朝阳……………083

张亚勤……………023

曾茂朝……………031

周光召……………031

参考资料（部分）

[1] 曹海丽. 从瀛海威看经营策略何去何从？[J]. 中国民营科技与经济，1998(9).

[2] CSDN 博客.《网络英雄传》: 张树新——渴望未来[EB/OL].（2005-05-12）. http://tech.sina.com.cn/2000-05-12 /318. Shtml.

[3] 贾双林. 瀛海威战争内幕[N]. 中国青年报，2000-09-11.

[4] 关山. 中国网络梦之队[M]. 北京：北京图书馆出版社，2000.

[5] 郭珍，杜兆勇，周一，汝南，秦全跃.中国十大女经理人[J].当代经理人，2001（12）.

[6] 林木. 张树新坦言：我是一个.com的受益者[N]. 财经时报，2002-03-04.

[7] 邓瑾. 张树新、刘吉、马雪征、王斌的2002[EB/OL]. (2002-12-30). http://finance.sina.com.cn/roll/20021230/1248296335.shtml.

[8] 尹小山. 张树新的投资哲学[J]. IT经理世界，2002(91).

[9] 胡静. 张树新说瀛海威[EB/OL].（2004-12-27）. http://news.chinabyte.com/277/1893777.shtml.

[10] 爱思想. 张树新：中国新经济之源[EB/OL]. (2005-06-09).http://www.aisixiang.com/data/7057.html.

[11] 搜狐IT. 身体、头脑和灵魂的困境——张树新的阅读三年[EB/OL].（2016-12-14）. http://it.sohu.com/200602 14/n241821654.shtml.

[12] 全智. 专访张树新：当瀛海威已成往事[EB/OL].（2008-12-22）. http://tech.sina.com.cn/i/2008-12-22/09072677174.shtml.

[13] 陈亚男. 张树新口述史：自由对我太重要[J]. 亚布力观点，2009(5).

[14] 李国盛. 专访张树新：没有自由就没有民主，没有共识就没有未来[EB/OL].（2009-06-22）.http://bbs.tianya.cn/post-develop-288427-1.shtml.

[15] 方堃. 张树新：瀛海威失败只是因为太早进入市场[EB/OL].（2009-08-27）. http://tech.163.com/09/0827/18/5HOBICAU00093IHH.html.

[16] 中国企业家论坛. 让企业有思想[M]. 北京：中信出版社，2009.

[17] 李翔，张琪. 谁在观察中国互联网？[EB/OL].（2010-09-16）. http://www.eeo.com.cn/2010/0916/180992. Shtml.

[18] 陆新之. 电子商务创世纪[M]. 北京: 中信出版社, 2013.

[19] 东方历史评论. 袁伟时、止庵、张树新的书单[EB/OL]. (2014-01-17).https://mp. weixin.qq.com/s?__biz=MjM5OTA5MzAwMQ==&mid=10083580&idx=2&sn=f7d66ebb44464c8fc29be3e08a16fdb0&scene=24&srcid=0811F1w2DXzJxdgpJvzY4uEv&pass_ticket=cEZKUpgVLxfq0o5fmF4AF3w4gMLvq9gKMWrWVFB%2BLvNN%2Fkz7BgSYgaR3%2F%2BWI3ZcV#rd.

[20] 汪再兴. 张树新: 中国互联网由信息控制与政治控制驱动[EB/OL]. (2004-04-18). http://www.blogweekly .com. cn/2014/cover_0418/229.html.

[21] 郝俊. 张树新: 第一代织网人[N]. 中国科学报, 2014-08-22(5).

[22] 国家互联网信息办公室,北京市互联网信息办公室. 中国互联网 20 年:网络大事记篇[M]. 北京:电子工业出版社,2014.

[23] 闵大洪. 中国网络媒体 20 年(1994—2014)[M]. 北京:电子工业出版社,2016.

编后记 1

站在一百年后看

赵 婕

热闹场中做一件冷静事

昨天、去年的一张旧照片、一件旧物，意义不大。但，几十年、上百年甚至更久之前，物是人非时的寻常物，则非同寻常。

试想,今日诸君,能在图书馆一角,翻阅瓦特发明蒸汽机的手记,或者蔡伦在发明纸的过程中,与朋友探讨细节之往来书帖。这种被时间加冕的力量,会暗中震撼一个人的心神,唤起一个人缅怀的趣味。

互联网在中国,刚过 20 年。对跋涉于谋生、执著于财富、仰求于荣耀、迷醉于享乐、求援于问题的人来说,这个工具,还十分新颖。仿佛济济一堂,尚未道别,自然说不上怀念。

人类的热情与恐惧,更多也是朝向未来。

一件事情的意义,在不被人感知时,最初只有一意孤行的力量。除了去做,还是去做,日复一日。一个人,不管他是否真有远见,是否真懂未雨绸缪,一旦把抉择的航程置于自己面前,他只能认清一个事实:航班可延误,乘客须准点。

一切尚在热闹中,需要有人来做一件冷静事。

方兴东意识到,这是一件已经被延误的事情,有些为互联网开辟草莱的前辈,已经过世了。在树下乘凉、井边喝水的人群中,已找不到他们的身影。快速迭代的互联网,正在以遗迹覆盖遗迹。他遗憾,"互联网口述历史"(OHI)还是开始得晚了一点,速度慢了一点。他深感需要快马加鞭,需要得到各方的理解与支持。

提早做一件已延误的事

步履维艰的祖母费力地弯腰为刚学步的孩子系上散开的鞋带,在有的人眼里,是一幅催人泪下的图景。一种面向死亡和终极的感伤,正如在诗人波德莱尔眼里,芸芸众生,都只是未来的白骨。

本杰明·富兰克林说:"若要在死后尸骨腐烂时不被人忘记,要么写出值得人读的东西,要么做些值得人写的事情。"

中国步入互联网时代以来,已有许多人做出了值得一书的事情。

然而,"称雄一世的帝王和上将都将老去,即使富可敌国也会成灰,一代遗风也会如烟,造化万物终将复归黄泥,遗迹与藩篱都已渐渐褪去。叱咤风云的王者也会被遗忘……"

因此,需要有人再做一件事:把发生在互联网时代里,值得记载的事情,记录下来。

必然的历史,把偶然分派给每一位创造历史的人。当初,这些人并不曾指望"比那些为战争出生入死的人更为不朽",今日,还顾不上指望名垂青史。

来记录这段历史的人,绝不是为某人歌功颂德,而是要尽早做一件已延误的事。

那些发生的事情的来龙去脉,堆积在这个时代的身躯上。对重史崇文的中国人,自然会懂得民族长存的秘密，与汉字书写、与"鉴过往知来者""宜子孙"的历史和源远流长的中华文化密切相关。

过去仍在飞行

2007年年初，《"影响中国互联网100风云人物"口述历史》等报道出现在媒体上。接受采访的方兴东说："口述历史大型专题活动，将系统访谈互联网界最有影响力的精英，全面总结互联网创新发展经验。"

当时，互联网实验室和博客中国共同策划的口述历史大型专题活动在北京启动。这是"2007互联网创新领袖国际论坛"的重要组成部分。该论坛由原信息产业部指导，互联网实验室等单位共同举办。科技中国评选"影响中国互联网100风云人物"。

口述历史的对象，主要来自评选出的100位风云人物，包括互联网创业者、影响互联网发展的风险投资和投资机构、互联网产业的基础设施建设者、对互联网产业影响巨大的国内外企业经理人、互联网产业的思想家和媒体人乃至互联网产业的关键决策者,以及互联网先行者和技术创新的领头人。

方兴东认为,这些人物是互联网产业的英雄,他们富有激情和梦想,作为中国互联网的先锋人物,曾经或现在战斗在中国互联网的最前沿,对促进中国互联网发展做出了不同的贡献。口述历史,将梳理他们的发展历程,以媒体的视角来展示历史上精彩的一页,为互联网产业下一个10年的创新发展提供有益的参考。

在关注眼前、注重实效的现今业态下,人们似乎更乐于历史的创造,而非及时的回顾,尽管互联网"轻舟已过万重山",矜持的历史创造者们,恐怕还是认为"十几年太短"。

记述历史和写作并不是方兴东的主业,他自己也在创业,企业的责任和负担无人替代他。所以,几年来,他见缝插针,断断续续访谈了几十人。在这个过程中，思路也越来越清晰。

2014年春，中国互联网发展20周年之际，方兴东正式组建了编辑出版"互联网实验室文库"的团队，"互联网口述历史"成为了这个团队的首要工作。

"在采摘时节采摘玫瑰花苞。过去仍在飞行。"

在方兴东眼里，中国互联网20年来得太激动人心了。互联网的第三个10年又开启了。很多人顺应、投入了这段历史，无论其个人最终成败得失如何，都已成为创造这段历史的合力之一。可能接下来互联网还会越做越大，但是最浪漫的东西还是在过去20年里。他觉得应该把这些最精彩的东西挖掘出来。趁着还来得及，有些东西需要有人来总结。有些人的贡献，值得公正、精彩、生动、详细地留下记录。

正是这样一个时代契机，各年龄、各阶层、各行业的草根或精英，有人穷则思变，有人"现世安稳岁月静好"，但都从各个位置，甚至是旁观位置，加入了这个"时代合唱",成就了一种不谋而合的伟大,造就了乱花迷眼的互联网江湖。

方兴东自认为,投入"互联网口述历史"这件工作量巨大的事情,也有一些不算牵强的前提。他出生于世界互联网诞生的 1969 年,在中国出现互联网的 1994 年,他恰好到北京工作。他的故乡浙江是中国另一个巨大的"互联网根据地"。二十年间,他奔波北京、杭州之间,足迹留到全国各地,全程深度参与中国互联网事业,与各路英雄好汉切磋交往,也算近水楼台,大家能坦诚交谈,让这件事发生得十分自然。

还原互联网历史的丰富性

众所周知,互联网是一个不断制造神话又毁灭神话的产业,这个产业的悲壮和奇迹,出于无数人的努力奋斗、成就辉煌、前仆后继。

就如方兴东所说:"即使举步维艰,互联网天空,依然星光闪耀。至于现在这颗星星还是不是那颗星星,并没有太多的人关注。新经济、泡沫、烧钱、圈钱、免费、亏损,等等,几个极其简单的词汇,就将成千上万年轻人的激情和心血盖棺论定了——剔除了丰富的内涵,把一场前所未有的新技术革命苍白地钉在了'十字架'上。既没有充分、客观地反映这场浪潮的积极和消极之处,也无法体现我们所经历的痛楚和欣喜。"

从"互联网口述历史"最初访谈开始,方兴东希望尽力还原这种"丰富的内涵"。

在中国互联网历程中过往的这些人物,不会没有缺点,也不可能没有挫折。起起伏伏中,他们以创新、以创业、以思想、以行动,实质性地推动了中国互联网的发展进程。"互联网口述历史"希望在当事人的记忆还足够清晰时,希望那些年事已高的开拓者还健在时,呈现他们在历史过程中的个性、素养和行为特质,把推进历史的坦途和弯路地图都描绘出来,以资来者。

在讲述过程中，个人的戏剧性故事，让未来的受众也能在趣味中了解口述者的人生轨迹和心路历程。

因此，"互联网口述历史"最初明确定位为个人视角的互联网历史，重视口述者翔实的个人历程。在互联网第一线，个人的几个阶段、几种收获、几个遗憾、几条弯路，等等；如果重来，他们又希望如何抉择，如何重新走过？概括起来，至少要涉及四个方面：个人主要贡献（体现独特性）、个人互联网历程（体现重要的人与事）、个人成长经历（体现家庭背景、成长和个性等）、关键事件（体现在细节上）。

但互联网又是个体会聚的群体事业。在中国互联网风风雨雨的历程中，在个人之外，还有哪些重要的人和重要的事，哪些产业界重大的经验和惨痛的教训，哪些难忘的趣闻逸事，如何评说互联网的功过得失及社会影响，等等，也是"互联网口述历史"必不可少的内容。

编后记 1

多元评价标准

"互联网口述历史"希望有一个多元评价标准。方兴东认为,目前在媒体层面比较成功的人士,他们的作用肯定是毫无疑问的。这么多用户在用他们的产品,他们的产品在改变着用户。我们一点都不贬低他们,同时也看到,他们享受了整个互联网所带来的最大的好处。中国互联网的红利给少数人披红挂彩。他们是故事的主角,但参演者远远大于这个群体。所以,"互联网口述历史"一定是个群像,有政府官员、投资者、学者、技术人员和民间人士等,当然,企业家是主角中的主角。

很多人很想当然地觉得,中国互联网在早期很自然就发生了。实际上,今天的成就,不在当初任何人的想象中,当初谁也没有这个想象力。"互联网口述历史"尤其不能忽略早期那些对互联网起了推动作用的人。当时,不像今天,大家都知道互联网是个好东西。当初,互联网是一个很有争议的东西。他们做的很多工作很不简单,是起步性的、根基性的,影响了未来的很多事情。当年,似乎很偶然,不经意的事情影响了未来,但其发生和发展,有其内在的必然性。这些开辟者,对互联网价值和内在规律的认识,不见得比现在的人差。现在互联网这么热闹,这么丰富,很多人是认识到了,但对互联网最本源的东西,现在的人不见得比那时的互联网开创者认识得深。

时势造英雄

生逢其时,每一位互联网进程的参与者,都很幸运,不管最后是成功还是失败,有名还是无名。因为这是有史以来最大的一次技术革命浪潮。这个技术革命浪潮,方兴东认为,也要放在一个时代背景下,包括改革开放、九二南巡,包括经济发展到一定阶段,电信行业有了一定基础,这些都是前提。没有这些背景,不可能有马云、马化腾,也不可能有今天。

方兴东认为,不能脱离时代背景来谈互联网在中国的成功,其一定是有根、有因、有源头,而不是无中生有、莫名其妙,就有了中国互联网的蓬勃发展。

20世纪80年代的思想开放,与互联网精神、互联网价值观,有很多吻合之处。中国互联网从一开始,没有走错路、走歪路,没有出现大的战略失误。从政府主营机构,到具体政策的执行人,到创业者,包括媒体舆论。

中国特色互联网

中国与美国相比,是一个后发国家。互联网的很多基础技术、标准、创新都不是我们的,是美国人发明的,我们就是用好,发扬光大,做好本地化。方兴东认为,对于更多的国家来说,中国的经验实际上更有参考价值。因为相对于这些国家来说,中国又变成了一个先发国家。毕竟,现在全世界,不上网的人比上网的人要多。更多国家要享受互联网的益处,中国具有重要参考意义。因此,"互联网口述历史"具有国际意义。我们做这些东西,不是为了歌功颂德,而是为了把这些人留在历史里,才把他们记录下来。

不能缺席的价值观

互联网在中国的成功，毫无疑问，超出了所有人的想象。但是，方兴东认为，中国互联网仍存在明显的问题，例如，过分的商业化、片面的功利化、时髦和时尚借口下的浅薄化存在于互联网当中，而且可能会误导互联网发展。"互联网口述历史"希望在梳理历史的过程中，能把这些问题是非分明地梳理出来。

从理想的角度来看，互联网应该成为推动整个中国崛起的技术的引擎，它带来的应该是更多积极、正面的力量、方便和秩序。互联网的从业者，包括汇聚了巨大财富和社会影响力的人，如果他们能够有理想，互联网在中国的变革作用会大得多。互联网的大佬们是巨大财富和巨大影响力的托管人，他们应该考虑怎样把自己的财富和影响力用好，而不是简单作为个人的资产，或者纯个人努力的结果。在个人性和公共性方面，如果他们有更高的境界、更清醒的意识和更多的自觉，会比现在好得多。现在，总体上来说，是远远不够的。

方兴东认为，中国互联网20年来，真正最有价值、最闪光的东西，不一定在这些大佬们身上，反倒可能在那些不那么知名的人身上，甚至在没有从互联网挣到钱的人身上。推动中国互联网历史进程关键点的人，也不一定是这些大佬。因此，"互联网口述历史"采访名单的甄选，是站在这样的观点之上的，可能与有些媒体的选择不同。

站在一百年后看

中国互联网的历史，从产业、创业、资本、技术及应用等方面看，是一部中国技术与商业创新史；从法律法规、政府管理举措、安全等方面看，是一部中国社会管理创新史；从社会、文化、网民行为等方面看，是一部中国文化创新史。

目前，我们在国内采访的人物已达 100 余位，主要是三个层面的人物，能够全景、全面反映中国互联网创业创新史。以前面 100 个人为例，商业创新约 50 人，细分在技术、创业、商业、应用和投资等层面；制度创新约 25 人，细分在管理、制度和政策制定等层面；文化创新约 25 人，细分在学术、思想、社会和文化等层面。他们是将中国社会引入信息时代的关键性人物，能展示中国互联网历史的关键节点。采访着眼于把中国带入信息社会的过程中，被访者做了什么。通过对中国互联网 20 年的全程发展有特殊贡献的这些人物的深度访谈，多层次、全景式反映中国互联网发生、发展和崛起的真实全貌，打造全球研究中国互联网独一无二的第一手资料宝藏。

王羲之曾记下永和九年一次文人的曲水流觞的雅事，"列叙时人，录其所述"，让世世代代的后人从《兰亭集序》的绝美墨迹中领略那一次著名的"春游"，"虽世殊事异，所以兴怀，其致一也。后之览者，亦将有感于斯文。"

方兴东希望通过"互联网口述历史"项目的文字、音频、视频等各种载体,让一百年后的人、甚至是更远的未来者看到中国是怎么进入信息社会的,是哪些人把这种互联网文明带入中国,把中国从一个半农业、半工业社会带入了信息社会。

2014年,从全球"互联网口述历史"项目的工作全面展开,到2019年互联网诞生50周年之际,我们将初步完成影响互联网的全球500位最关键人物的口述采访工作。这一宏大的、几乎是不可能完成的任务,正在变为现实!

编后记 2

有层次、有逻辑、有灵魂

刘 伟

"互联网口述历史"的维度与标准

"互联网口述历史"(OHI)是方兴东博士在 2007 年发起的项目,原是名为"影响中国互联网 100 人"的专题活动,由互联网实验室、博客网(博客中国)等落实执行。在经过几年的摸索与尝试后,2010 年,方兴东博士个人开始撸起衣袖集中参与和猛力突击。因此,"互联网口述历史"在2007年至2009年是试水和储备,真正开始在数量上"飞跃"起来,是从2010年下半年开始的。

这些年,方兴东博士一边"创业",一边默默采集、积累"互联网口述历史"的宏巨素材。一路走下来,前前后后的几个助理扛着摄像机、带着电脑跟着他。助理们有走有来,而他,一坚持就是十年。

2014年,我从《看历史》杂志离职,参与了"互联网实验室文库"的筹备,主持图书出版工作,致力于打造出"21世纪的走向未来丛书"。"互联网实验室文库"的出版工作包括四大方向:产业专著、商业巨头传记、"口述历史"项目、思想智库。

在之后的时间里,"互联网实验室文库"出版了产业专著、商业巨头传记、思想智库方向的十余本书,而"口述历史"却未见成果出品。当然,这是因为"口述历史"创造了六个"最"——所需的精力消耗最大，时间周期最长，整理打磨最精，查阅文献资料最繁，过程折磨最多，集成的自主性最少……

以往，一本书在作者完成并有了书稿后，进入编辑流程到最后出版，是一个从 0 到 1 的过程。而为了让别人明白做"口述历史"的精细和繁冗，我常说它是从-10 到 1 的过程。因为"口述历史"是一个"掘地百尺"的工作，而作为成果能呈现出来的，只不过是冰山一角。在"口述历史"的整理之外，我们还积累形成了 10 余万字的互联网相关人物、事件、产品、名词的注释(词条解释)，50 余万字的中国互联网简史(大事记资料)，以及建立了我们的档案保存、保密机制等，这些都是不为人知的，且仅是我们工作的一小部分。

"过去"已经成为历史，是一个已经灰飞烟灭的存在，人们留下的只是记忆。"口述历史"就是要挖掘和记录下人们的记忆，因为有太多的因素影响着它、制约着它，所以，我们需要再经稽核整理。因此，"口述历史"中的"口述者"都是那些历史事件的亲历、亲见、亲闻者。

北京大学的温儒敏教授曾经这样评价"口述历史"这一形式："这种史学撰写有着更为浓厚的原生态特色，摆脱了以往史学研究的呆板僵化，因而更加生动鲜活，同时更多的人开始认识到这种口述历史研究的学术价值，而不是仅仅被视为一种采访。相对于纯粹的回忆录和自传，这种口述历史多了一种真实到可以触摸的毛茸茸的感觉。"

"口述历史"让历史变得鲜活，充满质感，甚至更性感。

我在采访方兴东博士，要其做"访谈者评述"时，他曾在评述之前说了这么一段话："互联网不仅仅是那些少数成功的企业家创造的，它实际上是社会各界共同创造的一个人类最大的奇迹——中国互联网能够有8

亿网民,这绝对是全球的一个奇迹。中国有一大批人,他们是互联网的无名英雄,基本上在现在的主流媒体上看不到他们。但我觉得这些人在互联网最初阶段,在中国制定轨道的过程中,铺了一条方向上正确的道路,而且很多东西当年可能是一件很小的事情,但实际上最终起了关键性的作用。我们试图在'互联网口述历史'里,把这个群体中的代表人物挖掘出来、呈现出来。"

我想,这是方兴东博士的初心,也是"互联网口述历史"项目产生的源头。

出版人和作家张立宪(自称老六,出版人、作家,《读库》主编——编者注)曾讲过一则与早期的郭德纲有关的故事:"那时候郭德纲还默默无闻,他在天桥剧场的演出只限于很小的一个圈子里的人知道……当时就和东东枪商量,我们要做郭德纲,这个默默无闻的郭德纲。但是世界的变化永远比我们想象中的快,从

编后记 2

东东枪采访郭德纲,到最后图书出版大概是半年的时间,在这几个月的时间里,郭德纲老师已经谁都拦不住了。那时候就连一个宠物杂志都要让郭德纲抱条狗或者抱只猫上封面,真的是到那个程度。但是我们依然很庆幸,就是我们在郭德纲老师被媒体大量地消费、消解之前,我们采访了他,'保存'了他。一个纯天然绿色的郭德纲被我们保留下来了。其实这也是某种意义上的抢救,这种抢救不仅仅指我们把一个很了不起的人,在他消失之前、在他去世之前给他保存下来;也包括像郭德纲老师这样的人,他虽然现在依然健在,但是'绿色'郭德纲已经不见了,现在是一个'红色'的郭德纲。"

从某种程度上讲,"互联网口述历史"也是在尽可能抢救和保留"绿色"的互联网人。所不同的是,我们不是预测,而是寻找、挖掘、记录、还原、保存。因为我们是基于"历史",是事发之后的、热后冷却的、不为人知的记载。至于"绿色"的意义,我想就像常规访谈与口述历史的差别，因为所用的方法、工艺、时间、重心完全不同，当然也就导致了目的与结果的不同。

"口述历史"是访谈者和口述者共同参与的互动过程，也是协同创造的过程。因此，"口述历史"作品蕴含着口述者和访谈者（整理者、研究者）共同的生命体验。

"口述历史"一般有专业史、社会史、心灵史几个维度。在"互联网口述历史"中，因选题缘故，我们还辐射了更多不同的维度与向度，如技术史（商业史）、制度史（管理史）、文化史（社会变革史）以及经济学家汪丁丁教授强调的思想史。

在"互联网口述历史"近十年的采集过程中，其技术设备一样经历了"技术史"的变迁。例如，在2007—2013年，用的还是录像带摄像机，而在2014—2016年，用的是存储卡摄像机。

编后记 2

"互联网口述历史"从采集到整理的过程中,我们始终秉承着这样几个标准:有灵魂、有逻辑、有层次、有侧重,注重史实与真相。

"互联网口述历史"的取舍与主张

在采集回的资料的使用上,我们采用了"提问+口述+注释"的整理方式,而非"撰文+口述"的编撰方式。这样的选择,就是为了能够不偏不倚、原汁原味地还原现场,并且不破坏其本身的脉络与构造,以及我们在其上的建构。我们希望做到,像拓片与石碑的关联。

在资料整理过程中,我们也是严格按照"口述历史"的方式整理、校对、核对、编辑、注释、授权、补充、确认、保存的(为什么授权顺序靠后,我在后面解释),但在图书出版的最后,也就是目前呈现在读者眼前的文本——严格意义上说已经不是特别纯的"口述历史"了。因为读者会看到，我们可能加入了5%左右别处的访谈内容。这么做有的是因为文本需要，有的是因为空缺而做的"补丁"，有的是口述者提供希望我们有所用的。对这些内容的注入，我们做了原始出处的标注，并同样征得了"口述者"的确认。

在整理的过程中，应访谈者的要求，我们弱化了其角色特征，适当简化了访谈者在访谈中的追问、确认、区辨等"挖掘"过程，尽可能多地呈现口述者的口述内容，即直接挖出的"矿"；也简化了部分现场访谈者对口述者的某些纠正。这样的纠正有时是一来二去，共同回想，提坐标、找参照，最终得以确定。这样的"简化"也是为了方便和照顾读者，我们尽量压缩了通往历史现场过程中的曲折与漫长。

在时间轴上，我们也尽量按照时间发展顺序做了调整，但因"记忆"有其特殊性，人的记忆有时是"打包"甚至"覆盖"的（只有遇到某些事件时，另一些事才能如化学效应般浮现出来，而如果遇不到这些事件，它可能就永远沉没下去了），因此，会有部分"口述者"的叙事在"时间点"上有连接和交叉，所以，显得稍有些跳跃或回溯。在这种情况下，我们没有为了梳理时间顺序而强行分拆、切割或拼搭。

在口语上，我们仍尽可能保留了各"口述者"的特色和语言风格，未做模式化的简洁处理。所以，即使经过了"深加工"的语言，也仍像是"原生态的口语"，只是变得更加清晰。

时常有人关心地问："你们的'互联网口述历史'怎么样了？怎么弄了这么久？"其实这是难以言表的事，我们很难让人了解其中的细节和背后的功夫。"口述历史"中的那些英文、方言、口音、人名、专业词汇，有时一个字词需要听十几遍才能"还原"；有时一个时间需要查大量资料才能确认；与"口述者"沟通，以及确认的时间,有时又以"年"为沟通的时间单位,需要不断询问与查证,因为这期间也许遇有口述者的犹豫或繁忙;为了找到一条"语录",我们可能要看完"口述者"的所有文章、采访、演讲……就是这一点又一点的困难、艰辛、阻碍,造成了"口述历史"的整理及后续的工作时间是访谈时间的数十倍。

台湾地区的"中央研究院近代史研究所"前所长陈三井曾说:"口述历史最麻烦的是事后整理访问稿的工作。这并不是受访人一边讲,访问人一边听写记录就行了。通常讲话是凌乱而没有系统性的,往往是前后不连贯,甚至互有出入的。访问人必须花费很大的力气加以重组、归纳和编排,以去芜存菁。遇有人名、地名、年代或事物方面的疑问,还必须翻阅各种工具书去查证补充。最后再做文字的整理和修饰工作,可见过程繁复,耗时费力,并不轻松。"

我曾和团队同事分享过这样一个比喻:整理口述

编后记 2

历史,就像"打扫"一个书柜,有的人觉得把木框擦干净就可以了;有的人会把每一本书都拿下来然后再擦一遍书架;还有的人在放进去之前会把每本书再轻拭一遍。而我们呢?除了以上动作,还需要再拿一根针把书架柜子木板间的缝隙再"刮"一遍,因为缝隙里会有抹布擦拭的碎纤维、积累的灰尘、纸屑,甚至可能有蛀木的虫卵……(我当时分享这个比喻的初衷,就是提示我的同事,我们要细致到什么程度。现在看来,这个比喻也同样表现了我们是怎么样做的。)

在"互联网口述历史"的出版形式上,我们也曾纠结于是多人一本,还是一人一本。在最早的出版计划中,我们是计划多人一本(按年份、按事件、按人物),专题式地出版一批有"体量"的书。当多人一本的多本"口述历史"摆在一起时,才能凸显"群雕"的伟岸,也因为多人一本的多文本原因,读者阅读起来会更具快感,对事件的理解视角也更宽广,相互映照补充起来的历史细节及故事也更加精彩(也就是佐证与互证的过程)。

然而实际情况是,我们没有办法按照这种"完美"的形式去出版。因为"口述历史"是一个逐渐累积的过程,无论是前期的访谈,中期的整理,还是后期的修订、确认,它们都在不同时间点有着不同程度上的难点,整个推进过程是有序不交叉且不可预知的。最早采访和整理的也许最后才被口述者确认;最应先采访的人也许最后才采访到;因为在不停地采访和整理,永远都可能发现下一个、新的相关人……这样疲于访谈,也疲于整理。囿于各种原因,我们没办法按照我们"梦想"的方式出版。因此,最终我们选择了呈现在读者眼前的"一人一本"的出版方式,出版顺序也几乎是按照"确认"时间先后而定的。我们同样放弃了优先出版大众名人、有市场号召力的人物、知名度高的口述者,以带动后面"口述历史"的想法。

尽管我们遗憾未能以一个更宏伟具象的"全景图"

的形式出版,但一本一本地出版,也有专注、轻松、脉络清晰、风格一致的美感,仍能在最后呈现出某种预期的效果。未来也仍能结集为各种专题式的、多人一本的出版物,将零散的历史碎片拼接成为宏大的历史画卷。因此,希望读者能理解,目前的选择是在各种原因、条件和实际困难"角力"后的结果,这其中有得有失,瑕瑜互见。为体恤读者,呈现群雕之张力,我在这里列举几位口述者的"口述历史"标题,先睹为快:《胡启恒:信息时代的人就该有信息时代的精神》《田溯宁:早期的互联网创业者都是理想主义》《张朝阳:现在的创业者一定要设身处地想想当时》《张树新:我本能地对下一代的新东西感兴趣》《吴伯凡:中国互联网历史,一定是综合的文化史》《陈年:以前互联网都很苦,大家集体骗自己》《刘九如:培训记者,我提醒他们要记住自己的权利》《胡泳:人们常常为了方便有趣而牺牲隐私》《段永朝:碎片化是构成人的多重生命的机缘》《陈彤:我做网络媒体之前也懵懂过》《王峻涛：创业时想想，要做的事是水还是空气》《陈一舟：苦闷是必需的，你不苦闷凭什么崛起》《黎和生：其实做媒体主要是做心灵产品》《冯珏：现在的互联网没当年的理想和热情了》《王维嘉：人类本性渴望的就是千里眼、顺风耳》《洪波：中国互联网产业能发展到今天得益于自由》《方兴东：互联网最有价值的东西，就是互联网精神》《陈宏：当时想做一个中国人的投行，帮助中国企业》《许榕生：我所做的其实只是把国外的技术带回中国》……举例还可以列很长很长，因为目前我们已整理完成了60余人的口述历史，以上举例的部分"口述历史"标题，有些可能稍有偏颇，甚至因为脱离了原有的语境而变成了另外的意思；有些可能会对"口述者"及业界稍有冒犯；有些可能会与实际出版所用标题有所出入。在此，希望得到读者的理解和谅解。

在事实与真相上，我们也希望读者明白：没有"绝对真相"和"绝对真实"。我们只是试图使读者接近真相，离历史更近一些。"口述历史"不能代替对历史的解释，它只是一项对历史的补充。同时希望读者能够继续关注和阅读，我们将继续出版更多的"互联网口述历史"，形成更广大的历史的学习和理解视角，以避免仅仅停留在对文字皮相的见解上。我们也要明白，还要有更多的阅读，才能还原群体之记忆。不同口述者在叙述相同事件时，一些细节会有不同的立场和不同的描述，甚至有不小的差别，这些还需要我们继续考证。

中国现代文学馆研究员傅光明曾说："历史是一个瓷瓶，在它发生的瞬间就已经被打碎了，碎片撒了一地。我们今天只是在捡拾过去遗留下来的一些碎片而已，并尽可能地将这些碎片还原拼接。但有可能再还原成那一个精致的瓷瓶吗？绝对不可能！我们所做的，就是努力把它拼接起来，尽可能地逼近那个历史真相，还原出它的历史意义和历史价值，这是历史所带给我们的应有的启迪或启发。"

尽管"互联网口述历史"项目目前是以书籍的形式出现的，展现的是文本，但我们希望在阅读体验上，能够呈现出舞台剧的效果，令读者始终有"在场感"。在一系列访谈者介绍、评述过后，可以直接看到"口述者"和"访谈者"坐在你面前对话；"编注"就是旁白；"语录"是花絮，方便你从思想的层面去触摸和感受"口述者"；"链接"是彩蛋，时有时无，它是"口述者"的一个侧面，或与其相关的一些细枝末节；"附录"是另一种讲述，它是一段历史的记录，来自另一个时空中。当"口述历史"本身完结后，"口述者"或说或写的会成为一段历史、一批珍贵的历史资料。你会发现，在历史深处的这些资料，也许曾是预言，也许在过去就非常具有前瞻性，也许它是一种知识的普及，也许它是对"口述历史"一些细节的另外的映照或补充，也许它曾是一个细分领域的入口或红利的机会……

有些口述者讲述了自己儿时或少年的故事，用方兴东博士的话说：那是他们的"源代码"。

编后记 2

美国口述历史学家迈克尔·弗里斯科（Michael Frisch）说："口述历史是发掘、探索和评价历史回忆过程性质的强有力工具——人们怎样理解过去，他们怎样将个人经历和社会背景相连，过去怎样成为现实的一部分，人们怎样用过去解释他们现在的生活和周围的世界。"

"互联网口述历史"的形式与意义

做"口述历史"时常有遗憾（它似乎是一门遗憾的学问和艺术）。遗憾有人拒绝了我们的访谈请求（有些是因为身份不便；有些是因为觉得自己平凡，所做过的事不值得书写）；遗憾有些贡献者已经离开了我们，无法访谈；遗憾一些我们整理完毕已发出却无法再得到确认的文本；遗憾一些确认的文本被删得太多；遗憾一些我们没问及的内容，再也补不回来；遗憾一些口述者避而不谈的内容；遗憾不能让历史更细致地呈现；遗憾一些详情不便透露；遗憾有些口述者已经不愿再面对自己曾经的口述，因而拒绝了确认和开放；遗憾我们曾通过各种资料、各种方法抵达口述者的内心，但能呈现给读者的仍不过是他们的一个侧面，他们爱的小动物、他们做的公益等，囿于原材料和呈现方式，这些都无法在一篇口述历史中体现；有些东西小而闪光，但我们没法补进来，遗憾有些补进来了又被删掉了；遗憾文本丢掉的"镜头语言"，如"口述者"的表情、动作、笑容、叹息、沉默、感伤、痛苦……遗憾"文本"丢失了"口述者"声音的魅力；遗憾我们没有更先进的表达和呈现方式（我们拥有"互联网口述历史"的宝贵资料和"视听图影"资源，却不能为读者呈现近乎 4D、5D 的感官体验，也未能将文本做成"超文本"）；遗憾我们时间有限、人力有限、精力有限……无论如何，今天呈现在读者面前的并不是"最好的成果"，它还有待您与我们共同继续考证、修正、挖掘和补充，它也可能只能存在于我们的梦想和希冀之中了。

尽管到目前为止我们已经做了许多工作，但也依然只是一小部分，我们仍处于采集、整理阶段，在运用、研究等方面，我们还少有涉及。未来，"互联网口述历史"会被运用到各类社会、行业研究和课题中，被引入种种类型、种种框架、种种定义、种种理论、种种现象、种种行为、种种心理结构、种种专业学科中，成为万象的研究结果，以及种种假设中的"现实"依据，解答人们不一的困境和需求。它还可以生成各类或有料、有趣、有深度、有沉积的数据图、信息图，实现信息可视化、数据可视化。

因为"互联网口述历史"还能抚育出无数的东西，所以，这又几乎是一项永远未竟的事业。

呈现在读者面前的"口述历史"，是有所删减的版本，为更适于出版。尽管"互联网口述历史"先以图书的形式呈现，但图书只是"互联网口述历史"的一种产品形式，而且只是一个转化的产品，它并非"互联网口述历史"的最终产品和唯一产品。自然地，由于图书本身的特性及文化传播价值，它也得到我们出版单位和社会各界的重视和支持。本套"互联网口述系列丛书"，也获得了国家出版基金的支持。2017年年底，根据刘强东口述出版的作品《我的创业史》，获得了《作家文摘》评选的年度十佳非虚构图书。在一批中国"互联网口述历史"之后，我们将推出国外"互联网口述历史"。除图书外，未来我们也会开发和转化纪录片、视频等产品内容和成果，甚至成立博物馆及研究中心。总之，我们期待还能发展为更多有意义的形式和形态，也希望您能继续关注。

余世存老师在回忆整理和编写《非常道》的过程中，说自己当时"常常为一段故事激动地站起来在屋子里转圈，又或者为一句话停顿下来流眼泪"。

在整理"互联网口述历史"的过程中，我们同样深感如此。因为能触及种种场景、种种感受、种种人生,我们常常因"口述者"的激情、痛苦、人性光辉、思想闪光而震撼、紧张、欣慰,也曾被某一句话惊出冷汗;有些"口述者"的思想分享连续不断,让人应接不暇、让人亢奋激动、让人拍案叫绝、让人脑洞大开,甚至让人茅塞顿开;一些让我们心痛、落泪的故事,却在"口述者"的低声慢语间送达。同时,我们也"见证"了很多阻力与才智、生存与反抗、偶然与机遇、智虑与制度、弱德与英勇……每位口述者,都像一面镜子,映照出千千万万的创业者、创新者、先驱者、革命者、领跑者,还有隐秘的英雄、坚忍的失势者、挺过来的伤者、微笑转身者、孤独翻山者……

幸运地,我们能触碰这些"宝藏"。更加幸运地,今天的我们能把它们都保留下来、呈现出来,领受前辈们分享的无价礼物。

数字化大师、麻省理工学院教授尼葛洛庞帝

（Nicholas Negroponte）曾这样评价方兴东博士及"互联网口述历史"："你做的口述历史这项工作非常有意义。因为互联网历史的创造者，现在往往并不知道自己所做的事情有多么伟大，而我们的社会，现在也不知道这些人做的事情有多么伟大。"

也有非常多的人如此建议和评价方兴东博士的"互联网口述历史"："也别太用心费神，那种东西有价值、有意义，但是没人看……"

电子工业出版社的刘声峰曾说："这个工作，功德无量。"

在不同人的眼中，"互联网口述历史"有着不同的分量和意义。也许这项工程在别人眼中是"无底洞"，是"得不偿失"，是"用手走路"，是"费力不讨好"，是"杀鸡用牛刀"，但我们自有坚持下来的动力和源泉。

美国作家罗伯特·麦卡蒙（Robert R. McCammon）

在他的小说《奇风岁月》中有这样一段触动人心的文字："我记得很久以前曾经听人说过一句话——如果有个老人过世了，那就好像一座图书馆被烧毁了。我忽然想到，那天在《亚当谷日报》上看到戴维·雷的讣告，上面写了很多他的资料，比如，他是打猎的时候意外丧生的，他的父母是谁，他有一个叫安迪的弟弟，他们全家都是长老教会的信徒。另外，讣告上还注明了葬礼的时间是早上 10 点 30 分。看到这样的讣告，我惊讶得说不出话来，因为他们竟然漏掉了那么多更重要的事。比如，每次戴维·雷一笑起来，眼角就会出现皱纹；每次他准备要跟本斗嘴的时候，嘴巴就会开始歪向一边；每当他发现一条从前没有勘探过的森林小径时，眼睛就会发亮；每当他准备要投快速球的时候，就会不自觉咬住下唇。这一切，讣告里只字未提。讣告里只写出戴维·雷的生平，可是却没有告诉我们他是个什么样的孩子。我在满园的墓碑中穿梭，脑海中思绪起伏。这个墓园里埋藏了多少被遗忘的故事,埋藏了多少被烧毁的老图书馆?还有,年复一年,究竟有多少年轻的灵魂在这里累积了越来越多的故事?这些故事被遗忘了,失落了。我好渴望能够有个像电影院的地方,里头有一本记录了无数名字的目录,我们可以在目录里找出某个人的名字,按下一个按钮,银幕上就会出现某个人的脸,然后他会告诉你他一生的故事。如果世上真有这样的地方,那会很像一座天底下最生动有趣的纪念馆,我们历代祖先的灵魂会永远活在那里,而我们可以听到他们沉寂了百年的声音。当我走在墓园里,聆听着那无数沉寂了百年、永远不会再出现的声音,我忽然觉得我们真是一群浪费宝贵资产的后代。我们抛弃了过去,而我们的未来也就因此消耗殆尽。"

我想,以上文字应该是所有"口述历史"工作者、研究者的共同愿望,同时它也回答了人们坚持下来的答案和意义。

编后记 2

尽管,我们做的是非常难的事。之前的一切访谈都是方兴东博士以个人的身份在做这件事,他自己或带着助理,联络、采访各口述者。2014年起,我们组建了团队,承担起了访谈之后的整理、保存、保密、转化、出版等工作,但却常常有逆水行舟之感。因为方兴东博士在当年访谈完毕后并没有与口述者签署授权,我们补要授权已经是在访谈多年之后了,这增加了我们工作推进的难度。对于口述者来说,因为时间久远,且当时访谈是一个人,事后联络、沟通、确认、跟进的是另一个人,这便有了种种不同的理解。我们要在其中极力解释和争取,一方面保护好口述者,另一方面保护好方兴东博士,甚至再细致地解释方兴东博士当年也许使对方知会过的"知情同意权"(我们要做什么,口述者有哪些权利,可能会被怎么研究,我们如何保密,有哪些使用限制,会转化哪些成果,等等),然后授权。然而,我们不得不面对的现实是:事隔多年,有的口述者已经不愿面对这一次的访谈了;

也有的是不愿面对口述历史这种文本/文体；甚至有的口述者不愿再面对曾经提到的这些记忆（因访谈之后间隔过长，他的理解、想法、心理、记忆清晰程度，都有了变化）。还有的，有些口述历史已经确认并准备出版，而方兴东博士又临时进行了再次的访谈，我们就要将新的访谈内容再补入之前的版本中，然后再让口述者确认。这几年间，方兴东博士作为发起人，他对"互联网口述历史"有感情、有想法、有感觉，因此，我们也陪同经历了多次大改动、大建议、大方向的调整（我们的"已完成"，一次次被摊薄了）……这些加在一起，使我们都觉得是在做难上加难的事（因为我们没能按照惯常口述历史工作方法的顺序）。

回顾这几年，"互联网口述历史"对我们来说，也像是某种程度的创业，这期间遇到了多少干扰和阻力，咽下了多少苦闷和误解，吞下了多少不甘和负气，忍下了多少寂寞和煎熬，扛下了多少质疑和冷眼，这些只有我们自己清楚。对于我个人,还要面对团队成员不同原因的陆续离开……有时也会突然懂得和理解方兴东博士,无论是他经营公司,还是做"互联网口述历史"。对于其中的孤独、煎熬和坚守,相信他也一样理解我们。

以多年出版人的身份和角度讲,我同样替读者感到高兴,因为"互联网口述历史"实在有太多能量了,就像一个宝藏(当然,这也归功于"口述历史"这个特别形式的存在),这些能量有很大一部分可以转化成为"卖点"。在"互联网口述历史"里,读者可以看到过去与今天、政治与文化、他人与自己,也能看到趋势、机会、视野、因果、思维方式,还有管理、融资、创业、创新,还有励志、成功,以及辛酸挫折、泪水欺骗、潦倒狼狈、热爱、坚持;这里有故事,也有干货;有实用主义的,也有精神层面的;有历史的 A 面,同样有历史的 B 面;甚至其中有些行业问题、创业问题,依然能透过历史照入今天,解决此时此刻你的困感与难题。所以，希望读者能够在我们不断出版的"互联网口述历史"中，各取所需，各得其所。希望在你困苦的时候，能有一双经验之手穿过历史帮助你、提醒你、抚慰你。也希望你在有收获之余，还能够有所反思，因为，"反思，是'口述历史'的核心"（汪丁丁语）。

最后想说的是，如果你有任何与"互联网历史"有关的线索、史料、独家珍藏的照片，或想向我们提供任何支持，我们表示感谢与欢迎。"互联网口述历史"始终在继续。

最后，感谢"互联网口述历史"项目执行团队！也感谢有你的支持！更多感激，我们将在"致谢"中表达！

2016 年 5 月 18 日初稿

2018 年 2 月 7 日复改

致 谢

在"互联网口述历史"项目推动前行的过程中,感激以下每位提到或未能提到,每个具名或匿名的朋友们的辛苦努力和关照!

感谢方兴东博士十年来对"互联网口述历史"的坚持和积累,因为你的坚韧,才为大家留下了不可估量的、可继续开发的"财富"。

感谢汪丁丁老师对"互联网口述历史"项目小组的特别关心,以及您给予我们的难得的叮嘱与珍贵的分享。

感谢赵婕女士，感谢你对我们工作所有有形、无形的支援，让我们在"绝望"的时候坚持下来，感谢你懂我们工作当中的"苦"。感谢你给我们的醍醐灌顶般的工作方式的建议，以及对我们工作的优化和调整。

感谢杜运洪、孙雪、李宁、杜康乐、张爱芹等人无论风雨，跟随方兴东博士摄制"互联网口述历史"，是你们的拍摄、录制工作，为我们及时留下了斑斓的互联网精彩。同样感谢你们的身兼数职、分身有术，牺牲了那么多的假日。

感谢钟布、李颖，为"互联网口述历史"的国际访谈做了重要补充。

感谢范媛媛，在"互联网口述历史"国际访谈方面，起到特殊的、重要的联络与对接作用。

感谢"互联网实验室文库"图书编辑部的刘伟、

致谢

杜康乐、李宇泽、袁欢、魏晨等人,感谢你们耐住枯燥乏味,一次次的认真和任劳任怨,较真死磕和无比耐心细致的工作精神,并且始终默默无怨言。

在"互联网口述历史"的整理过程中,同样要感谢编辑部之外的一些力量,他们是何远琼、香玉、刘乃清、赵毅、冉孟灵、王帆、雷宁、郭丹曦、顾宇辰、王天阳等人,感谢你们的认真、负责,为"互联网实验室文库"添砖加瓦。

感谢互联网实验室、博客中国的高忆宁、徐玉蓉、张静等人,感谢你们给予编辑部门的绝对支持和无限理解。

感谢许剑秋,感谢你对"互联网口述历史"项目贡献的智慧与热情,以及独到、细致的统筹与策划。

感谢田涛、叶爱民、熊澄宇等几位老师,感谢你们对我们的指导和建议,感谢你们在"互联网口述历史"项目上所付出的努力。

感谢中国互联网协会前副秘书长孙永革老师帮助我们所做的部分史实的修正及建议。

感谢薛芳，感谢你以记者一贯的敏锐和独到，为"互联网口述历史"提供了难得的补充。

感谢汕头大学的梁超、原明明、达马（Dharma Adhikari）几位老师，以及张裕、应悦、罗焕林、刘梦婕、程子姣同学为"互联网口述历史"国际访谈的转录和翻译做了大量的辛苦工作；感谢范东升院长、毛良斌院长、钟宇欢的协调与帮助。

感谢李萍、华芳、杨晓晶、马兰芳、严峰、李国盛、马杰、田峰律师、杨霞、红梅、中岛、李树波、陈帅、唐旭行、冉启升、李江、孙海鲤、韩捷（小巴）等对我们所做工作的鼎力支持与支援。

感谢电子工业出版社的刘九如总编辑、刘声峰编辑、黄菲编辑、高莹莹老师，感谢你们为丛书贡献了绝对的激情、关注、真诚，以及在出版过程中那些细枝末节的温情的相助。

感谢博客中国市场部的任喜霞、于金琳、吴雪琴、崔时雨、索新怡等人对"互联网实验室文库"的支持,以及有效的推广工作。

在项目不同程度的推进过程中,同时感谢出版界的其他同仁,他们是东方出版社的龚雪,中信国学的马浩楠,中华书局的胡香玉,凤凰联动的一航,长江时代的刘浩冰,中信出版社的潘岳、蒋永军、曹萌瑶,生活·读书·新知三联书店的朱利国,商务印书馆的周洪波、范海燕,机械工业出版社的周中华、李华君,图灵公司的武卫东、傅志红,石油工业出版社的王昕,人民邮电出版社的杨帆,电子工业出版社的吴源,北京交通大学出版社的孙秀翠,中国发展出版社的马英华等人,感谢你们给予"互联网口述历史"的支持、关心、惦记和建议。

感谢腾讯文化频道的王姝蕲、张宁,感谢你们对

"互联网实验室文库"的支持。

感谢中央网信办、中国互联网协会、首都互联网协会、汕头大学新闻与传播学院、汕头大学国际互联网研究院、浙江传媒学院互联网与社会研究中心等机构的大力支持。

在编辑整理"互联网口述历史"的过程中,我们同时参考了大量的文献资料,在此向各文献作者表示衷心的感谢。你们每次扎实、客观的记录,都有意义。

感谢众多在"口述历史""记忆研究"领域有所建树和继续摸索的前辈老师,感谢与"口述历史""记忆",以及历史学、社会学、档案学、心理学等领域相关的论文、图书的众多作者、译者、出版方,是你们让我们有了更便利的学习、补习方式,有了更扎实的理论基础,让我们能够站在巨人的肩膀上看得更远,走得更远。感谢你们对我们不同程度的启发和帮助。

感谢崔永元口述历史研究中心的同仁,感谢温州

致　谢

大学口述历史研究所的公众号及杨祥银博士，感谢你们对"互联网口述历史"的关注和关心。

感谢陈定炜（TAN Tin Wee），全吉男（Kilnam Chon），中欧数字协会的鲁乙己（Luigi Gambardella）与焦钰，Diplo 基金会的 Jovan Kurbalija 与 Dragana Markovski，计算机历史博物馆的戈登·贝尔（Gordon Bell）与马克·韦伯（Marc Weber），以及世界经济论坛的鲁子龙（Danil Kerimi），IT for Change 的安妮塔（Anita Gurumurthy）等人为"互联网口述历史"项目推荐和联络口述者，为我们提供了更多采访海外互联网先锋的机会。

感谢田溯宁、毛伟、刘东、李晓东、张亚勤、杨致远等人，深深感谢"互联网口述历史"已访谈和将访谈的，曾为中国互联网做出贡献和继续做贡献的精英与豪杰们，是你们让互联网的"故事"和发展更加精彩，也让我们的"互联网口述历史"能有机会记录这份精彩。

"互联网口述历史"的感谢名单是列不完的,因为它的背后有庞大的人群为我们做支持,提供帮助,给建议。

感谢你们!

互联网口述历史：人类新文明缔造者群像

"互联网口述历史"工程选取对中国与全球信息领域全程发展有特殊贡献的人物，通过深度访谈，多层次、全景式反映中国信息化发生、发展和全球崛起的真实全貌。该工程由方兴东博士自2007年开始启动耕作，经过十年断断续续的摸索和收集，目前已初现雏形。

"口述历史"是一种搜集历史的途径，该类历史资料源自人的记忆。搜集方式是通过传统的笔录、录音和录影等技术手段，记录历史事件当事人或目击者的回忆而保存的口述凭证。收集所得的口头资料，后与文字档案、文献史料等核实，整理成文字稿。我们将对互联网这段刚刚发生的历史的人与事、真实与细节，进行勤勤恳恳、扎扎实实的记录和挖掘。

"互联网口述历史"既是已经发生的历史,也是正在进行的当代史,更是引领人类的未来史;既是生动鲜活的个人史,也是开拓创新的企业史,更是波澜壮阔的时代史。他们是一群将人类从工业文明带入信息文明的时代英雄!这些关键人物,他们以个人独特的能动性和创造性,在人类发展关键历程的重大关键时刻,曾经发挥了不可替代的关键作用,真正改变了人类文明的进程。他们身上所呈现的价值观和独特气质,正是引领人类走向更加开阔的未来的最宝贵财富。

尼葛洛庞帝曾这样对方兴东说:"你做的口述历史这项工作非常有意义。因为互联网历史的创造者,现在往往并不知道自己所做的事情有多么伟大,而我们的社会,现在也不知道这些人做的事情有多么伟大。"

我们希望将各层面核心亲历者的口述做成中国和

全球互联网浪潮最全面、最丰富、最鲜活的第一手材料，作为互联网历史的原始素材，全方位展示互联网的发展历程和未来走向。

我们的定位：展现人类新文明缔造者群像，启迪世界互联新未来。

我们的理念：历史都是由人民群众创造的，但是往往是由少数人开始的。由互联网驱动的这场人类新文明浪潮就是如此，我们通过挖掘在历史关键时刻起到关键作用的关键人物，展现时代的精神和气质，呈现新时代的价值观和使命感，引领人类每一个人更好地进入网络时代。

我们的使命：发现历史进程背后的伟大，发掘伟大背后的历史真相！

"互联网口述历史"现场,李开复与方兴东。

(摄于 2015 年 10 月 17 日)

"互联网口述历史"现场,杨宁与方兴东。

(摄于 2015 年 11 月 30 日)

"互联网口述历史"现场,刘强东与方兴东、赵婕。

(摄于 2015 年 12 月 13 日)

"互联网口述历史"现场,倪光南与方兴东。

(摄于 2015 年 6 月 28 日)

"互联网口述历史"现场,张朝阳与方兴东。

(摄于 2014 年 1 月 12 日)

"互联网口述历史"现场,周鸿祎与方兴东。

(摄于 2013 年 10 月 1 日)

互联网口述历史：人类新文明缔造者群像

"互联网口述历史"现场，吴伯凡与方兴东。

（摄于 2010 年 9 月 16 日）

"互联网口述历史"现场，田溯宁与方兴东。

（摄于 2014 年 1 月 28 日）

"互联网口述历史"现场,陈彤与方兴东。

(摄于 2010 年 8 月 21 日)

"互联网口述历史"现场,钱华林与方兴东。

(摄于 2014 年 1 月 27 日)

"互联网口述历史"现场,刘九如与方兴东。

(摄于 2014 年 3 月 13 日)

"互联网口述历史"现场,张树新与方兴东。

(摄于 2014 年 2 月 17 日)

"互联网口述历史"访谈后合影,拉里·罗伯茨(Larry Roberts)与方兴东。

(摄于2017年8月3日)

致互联网实验室:

很棒的采访,精心设计的问题。

与你们见面很开心。

——拉里·罗伯茨

"互联网口述历史"访谈后合影,伦纳德·罗兰罗克(Leonard Kleinrock)与方兴东。

(摄于 2017 年 8 月 5 日)

> Your Oral History of the Internet is a superb project & I am pleased to be a part of that effort. Bringing the expertise of historians along with technologists is exactly the way to address the Internet history.
> Your casual, yet incisive, interview was well done.
> Best regards
> Leonard Kleinrock

"互联网口述历史"是一个很棒的项目,很开心能参与其中。将历史与技术专业融合探索是了解互联网历史的最好方法。你们的采访轻松但深刻,很棒。

祝顺!

——伦纳德·罗兰罗克

"互联网口述历史"访谈后合影,温顿·瑟夫(Vint Cerf)与方兴东。

(摄于 2017 年 8 月 7 日)

I Enjoyed reliving the story of The Internet. There is much more to tell!

Vint Cerf

8/7/2017

十分享受重温互联网故事的过程。意犹未尽!

——温顿·瑟夫

"互联网口述历史"访谈后鲍勃·卡恩(Bob Kahn)签名。

(摄于 2017 年 8 月 28 日)

希望你们的口述历史项目一切顺利。十分开心可以参与其中。

——鲍勃·卡恩

"互联网口述历史"访谈后合影,斯蒂芬·克罗克(Stephen Croker)与方兴东。

(摄于2017年8月8日)

> What an impressive and extensive project! I applaud the magnitude and thoroughness of your preparation and effort. I look forward to seeing the results
> Steve Crocker
> August 8, 2017

一个令人印象深刻的项目。你们严谨而深入的前期准备和努力,值得赞许。期待看到你们的项目成果。

——斯蒂芬·克罗克

"互联网口述历史"访谈后合影,斯蒂芬·沃夫(Stephen Wolff)与方兴东。

(摄于2017年8月10日)

> You have embarked on an extraordinary voyage of learning and understanding of the Internet, its origins, and its future(s). I am grateful for the opportunity to contribute, wish you well in your endeavor, and hope to see the outcome of your diligence.
>
> —Stephen Wolff
> 2017-08-10

你们已经踏上了一条学习和了解互联网,探索其起源和未来发展的非同寻常之旅。十分感谢有机会能够贡献自己的一份力量。祝愿你们的项目进展顺利,期待早日看到你们的工作成果。

——斯蒂芬·沃夫

"互联网口述历史"访谈现场,维纳·措恩(Werner Zorn)接受提问。

(摄于2017年12月5日)

> I strongly believe in a good and prosparous cooperation between the Chinese Internauts and the western collegues friends and competitors towards an open and florishing Internet
> Wuzhen, Dec 5, 2017
> Werner Zorn

我坚信中国互联网参与者与西方同仁、伙伴和竞争者之间友好繁荣的合作会带来一个开放和蓬勃发展的互联网。

——维纳·措恩

"互联网口述历史"访谈现场,路易斯·普赞(Louis Pouzin)接受提问。

(摄于 2017 年 12 月 19 日)

> Internet and all its necessors (new internek) are a nervous system providing control and communications between live and mechanical systems of the world. As any complex systems they must be designed by experts, and repaired when they do not work to ratisfaction. They are part of our life, and we should endeavour to put our expertise to make them safe et efficient.
>
> Louis Pouzin
> 19.12.2017

互联网及其所有继任者(新互联网)是一个神经系统,为世界的生命系统和机械系统提供控制和交流的平台。与任何复杂的系统一样,它们须由专家设计,并在其工作不畅时及时进行修复。它们是我们生活的一部分,我们理应倾注我们的力量使其更加安全和高效。

——路易斯·普赞

"互联网口述历史"访谈现场,全吉男(Chon Kilnam)接受提问。

(摄于 2017 年 12 月 5 日)

> Hope you can come up with good interviews with collaboration of others in Asia, North America, Europe and others. Let me know if you need any support on this matter. Good luck on this important topics.
>
> 2017.12.5
> Chon Kilnam
> 全吉男

希望你们与亚洲、北美洲、欧洲及其他地区的人能够合作进行更多优秀的采访。如果需要我的支持,请与我联系。预祝项目进展顺利。

——全吉男

(因版面有限,仅做部分照片展示。感谢您的关注!所有照片及资料受版权保护,未经授权不得转载、翻拍或用于其他用途。)

互联网实验室文库
21世纪的走向未来丛书

我们正处于互联网革命爆发期的震中,正处于人类网络文明新浪潮最湍急的中央。人类全新的网络时代正因为互联网的全球普及而迅速成为现实。网络时代不再仅是体现在概念、理论或者少数群体中,而是体现在每个普通人生活方式的急剧改变之中。互联网超越了技术、产业和商业,极大拓展和推动了人类在自由、平等、开放、共享、创新等人类自我追求与解放方面的新高度,构成了一部波澜壮阔的人类社会创新史和新文明革命史!

过去20年，互联网是中国崛起的催化剂；未来20年，互联网更将成为中国崛起的主战场。互联网催化之下全民爆发的互联网精神和全民爆发的创业精神，两股力量相辅相成，相互促进，自下而上呼应了改革开放的大潮，助力并成就了中国崛起。互联网成为中国社会与民众最大的赋能者！可以说，互联网是为中国准备的，因为有了互联网，21世纪才属于中国。

互联网给中国最大的价值与意义在于内在价值观和文明观，就是崇尚自由、平等、开放、创新、共享等内核的互联网精神，也就是自下而上赋予每个普通人以更多的力量：获取信息的力量，参政议政的力量，发表和传播的力量，交流和沟通的力量，社会交往的力量，商业机会的力量，创造与创业的力量，爱好与兴趣的力量，甚至是娱乐的力量。通过互联网，每个人，尤其是弱势群体，以最低成本、最大效果地拥有了更强大的力量。这就是互联网精神的革命性所在。互联网精神通过博客、微博和微信等的普及，得以在中国全面引爆开来！

如今，中国已经成为互联网大国，也即将成为世界的互联网创新中心。从应用和产业层面，互联网已经步入"后美国时代"。但是目前互联网新思想依然是以美国为中心。美国是互联网的发源地，是互联网创新的全球中心，美国互联网"思想市场"的活跃程度迄今依然令人叹服。各种最新著作的引进使我们与世界越来越同步，成为助力中国互联网和社会发展的重要养料。而今天中国对于网络文明灵魂——互联网精神的贡献依然微不足道！文化的创新和变革已经成为中国互联网革命非常大的障碍和敌人，一场中国网络时代的新启蒙运动已经迫在眉睫。"互联网实验室文库"的应运而生，目标就是打造"21世纪的走向未来丛书"，打造中国互联网领域文化创新和原创性思想的第一品牌。

互联网对于美国的价值与互联网对于中国的价

值,有共同之处,更有不同。互联网对于美国,更多是技术创新的突破和社会进步的催化;而在中国,互联网对于整个中国社会的平等化进程的推动和特权力量的消解,是前所未有的,社会变革意义空前!所以,研究互联网如何推动中国社会发展,成为"互联网实验室文库"的出发点。文库坚持"以互联网精神为本"和"全球互联,中国思想"为宗旨,以全球视野,着眼下一个十年中国互联网发展,期望为中国网络强国时代的到来谏言、预言和代言!互联网作为一种新的文明、新的文化、新的价值观,为中国崛起提供了无与伦比的动力。未来,中国也必将为全球的互联网文化贡献自己的一份力量!

"互联网实验室文库"得到了中国互联网协会、首都互联网协会、汕头大学国际互联网研究院、数字论坛和浙江传媒学院互联网与社会研究中心等机构的鼎力支持。因为我们共同相信,打造"21世纪的走向未来丛书"是一项长期的事业。我们相信,中国互联网思想在全球崛起也不是遥不可及，经过大家的努力，中国为全球互联网创新做出贡献的时刻已经到来，中国为全球互联网精神和互联网文化做出贡献的时刻也即将开始。我们相信，随着互联网精神大众化浪潮在中国的不断深入，让13亿人通过互联网实现中华民族的伟大复兴不再是梦想！让全世界75亿人全部上网，进入网络时代，也一定能够实现。而在这一伟大的历程中，中国必将扮演主要角色。

    互联网实验室创始人、丛书主编　方兴东

注 释

1 编注：田溯宁，中科院研究生院硕士、美国得克萨斯科技大学博士。主要任职经历：中国宽带资本基金董事长，联想集团独立非执行董事，美国哈佛商学院顾问委员会委员等。

2 编注：亚信科技公司是中国领先的通信软件和服务提供商，为中国电信运营商提供 IT 解决方案和服务，以使电信运营商迅速响应市场变化，降低运营成本，提升赢利能力。自 1995 年承建中国第一个商业化 Internet 骨干网 ChinaNet 起，亚信先后承建了中国六大全国性 Internet 骨干网工程、超大型 VoIP 网、超大型宽带视频会议网，以及中国第一个 3G 业务支撑系统等上千项大型网络工程和软件系统。亚信不仅享有"中国互联网建筑师"的美誉，同时也被国家信息产业部认定为"中国重点软件企业"。

3 编注：简宁，安徽潜山人，诗人，中国作家协会会员。曾任空军第十三飞行学院教师、《解放军文艺》编辑部特约编辑、《空军报》特约记者、空军政治部创作室专业作家等。

4 编注：张亚勤，1966 年生于山西太原，数字影像和视频技术、多媒体

注释

通信方面的世界级专家。微软公司全球资深副总裁、微软亚太研发集团主席。

5 编注：李政道，1926年11月生于上海，江苏苏州人，哥伦比亚大学教授，美籍华裔物理学家，诺贝尔物理学奖获得者。

6 编注：吴健雄，女，1912年5月生，江苏苏州太仓人，核物理学家，被誉为"东方居里夫人"，逝于1997年2月16日。

7 编注：方舟子，1967年9月生于福建云霄，知名专栏作家、科普作家。

8 编注：李约瑟（Joseph Terence Montgomery Needham），1900年12月生，英国近代生物化学家和科学技术史专家，逝于1995年3月24日。

9 编注：《中国科学报》，前身为创办于1959年的《科学报》，后曾停刊并于1979年复刊，1989年更名《中国科学报》，1999年更名《科学时报》，2012年恢复《中国科学报》。2013年10月后由中国科学院主管，中国科学院、中国工程院、国家自然科学基金委员会、中国科学技术协会共同主办。

10 编注：丁肇中，1936年1月27日生，祖籍山东省日照市涛雒镇，美国实验物理学家，美国麻省理工学院教授，曾获得1976年诺贝尔物理学奖。

11 编注：价格闯关是指中华人民共和国1988年试图进行的物价改革。这次改革试图通过政府短期内提高大部分商品的价格，从而解决价格双轨制下的一系列复杂的经济问题。但改革还未实施便在已有的通货膨胀基础上又引发了更严重通货膨胀，改革被迫搁浅。

12 编注：周光召，1929年5月生，湖南宁乡人，著名科学家。曾任中国科学院院长、党组书记，中国物理学会副理事长，中国国际交流协会副会长，中国科学技术协会常务理事、副主席，中国国际科技促进会副会长，国家科技领导小组成员等。

13 编注：胡启恒，女，陕西榆林人。模式识别专家，中国工程院院士。曾任中国自动化学会副理事长、模式识别及机器智能专业委员会副主任、中国科学院副院长、中国计算机学会理事长、中国科学技术协会副主席、中国互联网协会理事会理事长等职。

14 编注：美国贝尔实验室是晶体管、激光器、太阳能电池、发光二极管、数字交换机、通信卫星、电子数字计算机、蜂窝移动通信设备、长途电视传送、仿真语言、有声电影、立体声录音，以及通信网等许多重大发明的诞生地。自1925年以来，贝尔实验室共获专利数万。

15 编注：曾茂朝，1932年生，电子计算机专家。曾任中国科学院计算技术研究所所长、研究员，国务院电子振兴领导小组电子计算机顾问组副组长等职。

16 编注：柳传志，1944年4月生，祖籍江苏镇江，毕业于西北电讯工程学院（今西安电子科技大学），曾于国防科工委十院四所和中科院计算所从事科学研究工作，曾任联想控股公司总裁、董事长等。

17 编注："两通两海"为四通公司、信通公司、京海公司、科海公司四个公司的简称。"两通两海"在计算机业曾是中关村旗帜性企业。"两通两海"的成立与发展标志着后来享誉中外的"中关村电子一条街"的兴起。"两通两海"的出现，验证了知识转化为财富的事实。

18 编注：中国科学院成都生物研究所。

19 编注：张宏，曾任中科院科技开发局局长。

20 编注：北京市卧云电子技术公司。

21 编注：北京市天树策划公司。

注 释

22 编注：瀛海威信息通信有限责任公司，成立于1995年5月，公司总经理为张树新，出资人为张树新和她的丈夫姜作贤。公司最初的业务是代销美国PC，张树新到美国考察时接触到互联网，回国后即着手从事互联网业务，瀛海威由此诞生，曾是中国互联网行业的领跑者。

23 编注：马云，1964年10月生于浙江杭州，阿里巴巴集团、淘宝网、支付宝创始人。

24 编注：崔健，1961年8月2日生，歌手、音乐制作人、导演、演员，被称为"中国摇滚之父"。

25 编注：瞿小松，1952年生，贵州贵阳人，是"美国作曲家、作家、出版家协会"会员。

26 编注：中继线，主要用于连接用户交换机、集团电话、无线寻呼台、移动电话交换机等与市话交换机的电话线路。

27 编注：苹果牛顿（Apple Newton）是较早期的掌上计算机（个人数字助理），最早的是PSION EPOC电子记事本或是Casio电子记事本，但是Apple Newton比较大，很多人认为Apple Newton是PDA始祖，由苹果计算机公司于1993年开始制造，但是因为Newton在市场上找不到其定位导致需求量低而停止发展，并于1997年停止了生产。

28 编注：Gateway公司，于1985年成立于美国爱荷华州，美国知名的PC品牌。2007年10月Acer宏碁以7.1亿美元收购Gateway公司。

29 编注：电子公告牌系统（Bulletin Board System, BBS）。通过在计算机上运行服务软件，允许用户使用终端程序通过电话调制解调器拨号或者Internet来进行连接，执行下载数据或程序、上传数据、阅读新闻与其他用户交换消息等功能。许多BBS由站长（通常被称为

SYSOP-System Operator)业余维护,而另一些则提供收费服务。BBS也泛指网络论坛或网络社群。

30 编注:特斯拉汽车公司(Tesla Motors)是一家生产和销售电动汽车及零件的公司,只制造纯电动车,成立于2003年,是世界上第一个采用锂离子电池的电动车公司。

31 编注:刘亚东,1982年毕业于中国科技大学,美国马里兰大学物理学博士,普元软件技术(上海)有限公司董事会主席、总裁,曾任亚信科技执行副总裁,是亚信主要创始人之一。

32 编注:"瀛海威"正是"Information Highway"(信息高速路)的中文音译。

33 编注:ISP是Internet Server Provider的简称,即互联网服务提供商,就是为用户提供互联网接入和(或)互联网信息服务的公司和机构。

34 编注:王志东,广东东莞人,现任北京点击科技有限公司董事长兼总裁。BDWin、中文之星、RichWin等著名中文平台的创始人,先后创办了新天地信息技术研究所、四通利方信息技术有限公司,曾领导新浪成为全球最大中文门户网站,并在NASDAQ上市。

35 编注:宁玉田,1938年9月生,研究员。毕业于北京航空学院(现北京航空航天大学)计算机专业,曾任中科院技术科学与开发局总工程师、中国科学院计算机网络中心主任等。

36 编注:指电话调制解调器(Modem),俗称"猫",实现计算机数字信号或电话网模拟信号的相互转换。技术发展后又出现光纤调制解调器等多种类型、多种设备。

37 编注:胡泳,北京大学新闻与传播学院副教授,博士,兼任《北大商业评论》副主编、中央电视台《我们》系列节目的总策划、价值中国网总编辑、中国传播学会常务理事,国内最早从事互联网和新媒体研究的人士之一。

38 编注：蒋亚平，1964 年生，湖北随州人。人民网创始人，原《国土资源报》总编辑。

39 编注：DDN（Digital Data Network）是利用数字信道传输数据信号的数据传输网。

40 编注：在瀛海威网站，仍留有部分信息与故事。http://www.oihw.com/article/.

41 编注：刘杰，瀛海威成立最初的发起人之一，曾任瀛海威市场总监。

42 编注：夏鸿，曾任瀛海威 COO，新华在线副总裁、总裁，网志超媒信息技术有限公司副总裁，XPLUS 中国区总经理兼首席运营官等。

43 编注：ICP（Internet Content Provider），即互联网内容服务商，向广大用户综合提供互联网信息业务和增值业务的电信运营商。

44 编注：梁冶萍，女，1948 年生，曾任瀛海威董事长，北京中兴信托投资有限公司法定代表人。

45 编注：叶克勇（Peter Yip），生于中国香港，毕业于美国宾夕法尼亚大学计算机工程学院，还获得宾大沃顿学院工商管理硕士学位。著名中华网的创办人。

46 编注：曾强，毕业于清华大学经济管理学院，硕士，曾创办实华开信息技术有限责任公司——第一代中英文全球多媒体在线网，以及中国第一家网络咖啡屋，之后创办全国最大网络咖啡屋连锁店。

47 编注：163 网，即中国公用计算机互联网（ChinaNet），该网络由邮电部建设经营，是我国四大计算机互联网之一，是中国与世界互联网的接口之一。其用户特服接入号为 163，故称 163 网。

48 编注：169网是指邮电部于1997年投资经营，采用Internet/Intranet技术、充分利用国家公用通信网的网络资源组建的中国公众多媒体通信网。该网络的特服接入号码为169，故又称169网。

49 编注：用友NC是面向集团企业的世界级高端管理软件，综合利用最新的互联网技术、云计算技术、移动应用技术等，通过构建大企业私有云来全面满足集团企业管理、全产业链管控和电子商务运营，为集团企业提供了一个全新的支持合规化应用需求和创新需求，以及个性化配置、集成、实施、运维、管理一体化的大型企业管理与电子商务平台，不断帮助集团企业创新管理模式，引领商业变革，实现长期发展的目标。

50 编注：VOD（Video On Demand），即视频点播技术的简称，也称为交互式电视点播系统。它摆脱了传统电视受时空限制的束缚，传统电视系统只能进行单向传送，用户只能被动接收，而VOD是一种崭新的双向视频、音频信息，为用户提供所需的高品质视听节目。

51 编注：广义地说，几乎所有的网游都是MUD。MUD的全称是Multiple User Dimension（多用户层面），也有人称为Multiple User Dungeon（多用户地牢），或者Multiple User Dialogue（多用户对话）。

52 编注：刘苏里，1960年生。1993年10月创办北京万圣书园，并一直坚持经营至今，万圣成为了北京"文化地标"之一。刘苏里作为一位学者型书人，同时也是中国当代图书市场的民间观察者。

53 编注：甘琦，祖籍江西，生长于东北，图书策划人，1993年与友人刘苏里联合创办北京万圣书园，现任香港中文大学出版社社长。

54 编注：郭良，社科院社会发展研究中心副主任，"数字论坛"成员。1996年初，建起学术交流网PhilNet，著有《网络创世纪》一书。

55 编注：加利福尼亚大学伯克利分校。

56 编注：马斯洛需求层次理论（Maslow's hierarchy of needs），亦称"基本需求层次理论"，是行为科学的基础理论之一，由美国心理学家亚伯拉罕·马斯洛于1943年在《人类激励理论》论文中所提出。马斯洛理论把需求分成生理需求（Physiological needs）、安全需求（Safety needs）、爱和归属感（Love and belonging，亦称为社交需求）、尊重（Esteem）和自我实现（Self-Actualization）五类，依次由较低层次到较高层次排列。在自我实现需求之后，还有自我超越需求（Self-Transcendence needs），但通常不作为马斯洛需求层次理论中必要的层次，大多数会将自我超越合并至自我实现需求当中。

57 编注：姜奇平，1962年7月生于北京。中国社会科学院信息化研究中心秘书长，《互联网周刊》主编，国务院国有资产监督管理委员会第一届国资监管信息化专家组专家，中国信息经济学会常务理事，中国电子商务协会常务理事，数字论坛成员。

58 编注：吴伯凡，1966年生，湖北荆州人，哲学硕士，《21世纪商业评论》发行人，中央人民广播电台时事观察员、节目主持人。

59 编注：张朝阳，1964年10月生，陕西西安人，搜狐公司董事局主席兼首席执行官。

60 编注：新浪科技，2008年12月22日，《专访张树新：当瀛海威已成往事》。http://tech.sina.com.cn/i/2008-12-22/09072677174.shtml.

61 编注：网易"中国制造"，2009年8月27日，《张树新：瀛海威失败只是因为太早进入市场》。http://tech.163.com/09/0827/18/5HOBICAU00093IHH.html.

62 编注：新浪科技，2008年12月22日，《张树新：改革开放给互联网带来自由》。http://tech.sina.com.cn/i/2008-12-22/09072677176.shtml.

63 编注：新浪科技，2008年12月22日，《张树新：未来看好互联网垂直应用》。http://tech.sina.com.cn/i/2008-12-22/09072677177.shtml.

64 编注：搜狐IT，2006年2月14日，《身体、头脑和灵魂的困境——张树新的阅读三年》。http://it.sohu.com/20060214/n241821654.shtml.

65 编注：天涯"经济杂谈"，2009年6月22日，李国盛：《专访张树新：没有自由就没有民主，没有共识就没有未来》。http://bbs.tianya.cn/post-develop-288427-1.shtml.

66 编注：新浪"阳光专栏"，2000年5月12日，阳光：《〈网络英雄传〉：张树新-渴望未来》。http://tech.sina.com.cn/2000-05-12/318.shtml.

67 编注：天涯"经济杂谈"，2009年6月22日，李国盛：《专访张树新：没有自由就没有民主，没有共识就没有未来》。http://bbs.tianya.cn/post-develop-288427-1.shtml.

68 编注：《让企业有思想》，中信出版社，2009年11月。

69 来源：《袁伟时、止庵、张树新的书单》，2014年1月17日。

项目资助名单

"互联网口述历史"（OHI）得到以下项目资助和支持：

国家社科基金重大项目

批准号：18ZDA319

项目名称：全球互联网 50 年发展历程、规律和趋势的
　　　　　口述史研究

国家社科基金一般项目

批准号：18BXW010

项目名称：全球史视野中的互联网史论研究

国家社科基金重大项目

批准号：17ZDA107

项目名称：总体国家安全观视野下的网络治理体系研究

教育部哲学社会科学研究重大课题攻关项目

批准号：17JZD032

项目名称：构建全球化互联网治理体系研究

国家自然科学基金重点项目

批准号：71232012

项目名称：基于并行分布策略的中国企业组织变革与
　　　　　文化融合机制研究

浙江省重点科技创新团队项目

计划编号：2011R50019

项目名称：网络媒体技术科技创新团队

未经许可,不得以任何方式复制或抄袭本书之部分或全部内容。
版权所有,侵权必究。

图书在版编目(CIP)数据

光荣与梦想:互联网口述系列丛书.张树新篇 / 方兴东主编. —北京:电子工业出版社,2018.12

ISBN 978-7-121-33162-6

Ⅰ.①光… Ⅱ.①方… Ⅲ.①互联网络—历史—世界 Ⅳ.①TP393.4-091

中国版本图书馆 CIP 数据核字(2017)第 295728 号

出版统筹:刘九如
策划编辑:刘声峰(itsbest@phei.com.cn)
    黄 菲(fay3@phei.com.cn)
责任编辑:黄 菲 特约编辑:徐学锋 刘广钦
印 刷:涿州市京南印刷厂
装 订:涿州市京南印刷厂
出版发行:电子工业出版社
    北京市海淀区万寿路 173 信箱 邮编:100036
开 本:787×1 092 1/32 印张:7 字数:220 千字
版 次:2018 年 12 月第 1 版
印 次:2018 年 12 月第 1 次印刷
定 价:58.00 元

凡所购买电子工业出版社图书有缺损问题,请向购买书店调换。若书店售缺,请与本社发行部联系,联系及邮购电话:(010)88254888,88258888。

质量投诉请发邮件至 zlts@phei.com.cn,盗版侵权举报请发邮件至 dbqq@phei.com.cn。

本书咨询联系方式:39852583(QQ)。

——互联网实验室文库——